FORSCHUNGSBERICHTE
DES WIRTSCHAFTS- UND VERKEHRSMINISTERIUMS
NORDRHEIN-WESTFALEN

Herausgegeben von Staatssekretär Prof. Leo Brandt

Nr. 231

Oberregierungsrat Dr.-Ing. W. Küch

Über die Wechselwirkung zwischen Holzschutzbehandlung und Verleimung

im Auftrage der
Deutschen Gesellschaft für Holzforschung e.V., Stuttgart

Als Manuskript gedruckt

Springer Fachmedien Wiesbaden GmbH

1956

ISBN 978-3-663-03777-4 ISBN 978-3-663-04966-1 (eBook)
DOI 10.1007/978-3-663-04966-1

Forschungsberichte des Wirtschafts- und Verkehrsministeriums Nordrhein Westfalen

G l i e d e r u n g

I. Problemstellung und Versuchsdurchführung . . . . S. 5

II. Grundsätzliche Betrachtungen über Leimreaktionen . . . . . . S. 7

III. Versuchsergebnisse . . . . S. 11

    1. Verleimbarkeit mit Holzschutzmitteln behandelter Hölzer . S. 11

    2. Beurteilung der Einwirkung einer nachträglichen Holzschutzbehandlung auf verleimte Hölzer . . . . S. 16

IV. Zusammenfassende Beurteilung der Versuchsergebnisse und Folgerungen für die Praxis . . . . S. 32

V. Literaturverzeichnis . . . . S. 37

Forschungsberichte des Wirtschafts- und Verkehrsministeriums Nordrhein-Westfalen

I. Problemstellung und Versuchsdurchführung

Im Hochbau stellt bei der Ausbildung von Konstruktionen aus Holz, zum Beispiel für Dachstühle von Wohnungsbauten und Hallenkonstruktionen, der vorbeugende chemische Holzschutz, bei dem in das Holz zur Verhütung seiner Zerstörung durch Pilz- und Insektenbefall in Streich-, Spritz- oder Imprägnierverfahren wäßrige Salzlösungen oder ölartige Mittel eingebracht werden, unter den augenblicklichen Verhältnissen eine technische Notwendigkeit dar. Es hängt dies mit verarbeitungsmäßigen, strukturellen und biologischen Gründen zusammen. Zunächst ist die Gefahr einer Schädigung der Holzteile, beispielsweise im Wohnungsbau, zur Zeit besonders groß, da sich wegen der Verwendung von meist sehr feuchtem Holz und der Schnelligkeit der Bauweise die Bauten längere Zeit in einem Zustand erhöhter Feuchtigkeit befinden, der die Bildung von Pilzen begünstigt. Hinzu kommt, daß das Holz heute in der Regel einen besonders hohen Anteil an Früh- und Splintholz aufweist, das gegenüber dem von Natur aus bereits beständigeren Kernholz eine leichtere Anfälligkeit besitzt.

Schließlich erfordert das in bestimmten Gebieten verstärkte Auftreten des Hausbocks die Anwendung vorbeugender Schutzmaßnahmen auch dort, wo die Feuchtigkeitsverhältnisse der Bauvorhaben als normal anzusprechen sind. Außerdem erscheint es im Hausbau häufig zweckmäßig, die Holzkonstruktionen durch besonders hierfür geeignete Schutzmittel auch gegen Flammeneinwirkung bei Bränden zu schützen. Auf der anderen Seite finden seit einigen Jahren im Bauwesen, nachdem auf der Grundlage durch Kondensation erhärtender Kunstharze die Ausbildung bei normaler Temperatur verarbeitbarer Leime mit hoher Wasser- bzw. Witterungsbeständigkeit gelungen war, ausschließlich durch Leimung hergestellte Verbundkonstruktionen, die gestaltungstechnische und wirtschaftliche Vorteile bieten, in zunehmendem Umfang Anwendung (1). Mit dieser Feststellung gewinnt zwangsläufig die Frage der Wechselwirkung zwischen Holzschutzbehandlung und Holzverleimung technisches Interesse, um so mehr, als in der letzten Zeit mehrfach bereits bei der Ausbildung geleimter Dachkonstruktionen ohne jede Schutzbehandlung durch bestimmte in den Leimen enthaltene Stoffe eine schädigende Wirkung auf die Holzfaser und damit eine Gefährdung der Sicherheit der geleimten Konstruktionen beobachtet werden konnte (2) (3) (4) (5). Die Notwendigkeit der Anwendung einer Holzschutzbehandlung bei geleimten Konstruktionen wirft die beiden folgenden grundsätzlichen Fragen auf:

Forschungsberichte des Wirtschafts- und Verkehrsministeriums Nordrhein-Westfalen

1. Läßt sich mit den verschiedenen Holzschutzmitteln behandeltes Holz mit den bei der Holzverarbeitung üblichen Leimen sicher verleimen und

2. kann eine nachträgliche Einwirkung einer Holzschutzbehandlung die Sicherheit verleimter Konstruktionen beeinflussen?

Die Frage 1 hat vor allem im Möbel- und Gerätebau Interesse, wo man insbesondere beim Export in tropische Länder bestrebt ist, durch eine Holzschutzbehandlung der Halbzeuge wie Sperrholz, Spanplatten u.a., die Dauerhaftigkeit der fertigen Teile gegenüber Insekten z.B. Termiten zu erhöhen. Die Frage 2 ist das Grundproblem im Bauwesen.

Eine Klärung des Problems der Anwendbarkeit von Holzschutzverfahren bei geleimten Holzkonstruktionen sollte unter Berücksichtigung der bei uns gegebenen rohstoffmäßigen und verarbeitungstechnischen Bedingungen durch laboratoriumsmäßige Ermittlungen versucht werden. Über die hierbei erzielten Ergebnisse wird nachfolgend berichtet.

T a b e l l e 1

Angewandte Holzschutzmittel

Bezeichnung	stoffliche Grundlage	Verarbeitungsweise	pH - Wert etwa
1	N = Salz mit Dinitrophenol	4 % wässr.Lösg.	6,0
2	N = Salz ohne Dinitrophenol	4 % wässr.Lösg.	6,0
3	U = Salz mit Dinitrophenol	4 % wässr.Lösg. 10 % wässr.Lösg.	5,0
4	U = Salz ohne Dinitrophenol	4 % wässr.Lösg. 10 % wässr.Lösg.	5,0
5	Hydrogenfluorid	4 % wässr.Lösg. 20 % wässr.Lösg.	2,0 bis 3,0
6	SF = Salz	4 % wässr.Lösg. 10 % wässr.Lösg.	3,0
7	Teeröl	-	-
8	chloriertes Naphtalin	-	-

Die Durchführung der Untersuchungen erfolgte in der Weise, daß die Bindefestigkeit von Holzverleimungen bei Verwendung vor der Verleimung mit verschiedenen Holzschutzmitteln getränkter Hölzer oder bei nachträglicher Einwirkung der Holzschutzmittel auf in normaler Weise verleimte Hölzer nach den in den einschlägigen Normen festgelegten Prüfmethoden (6) ermittelt wurde.

Die bei den bisherigen Versuchen verwandten Holzschutzmittel waren entsprechend Tabelle 1 Schutzmittel gegen Schwamm- und Insektenbefall, und zwar 6 Salzlösungen aus Alkalifluoriden, Bichromaten und Silicofluorverbindungen mit und ohne Zusatz von Dinitrophenol, chloriertes Naphthalin und ein öliges Mittel. In allen Fällen handelt es sich um bewährte und vom Prüfausschuß für Holzschutzmittel zugelassene Präparate.

Die Verleimung der Hölzer erfolgte nach Tabelle 2 mit den im Bauwesen verwandten Montageleimen aus Kunstharzen auf der Grundlage von Phenol-Formaldehyd, Harnstoff-Formaldehyd und Resorzin-Formaldehyd, einem Kunstharzleim aus Melamin-Formaldehyd, einer Polyvinylacetat-Dispersion und einem Kaseinleim ausschließlich auf kaltem Wege. In der Tabelle sind für die verschiedenen Leime Kurzzeichen aufgeführt, die in einfacher Weise die Rohstoffgrundlage und Verarbeitungsweise erkennen lassen und daher bei den späteren Betrachtungen angewandt wurden.

II. Grundsätzliche Betrachtungen über Leimreaktionen

Für die Beurteilung einer möglichen Einwirkung der Holzschutzmittel auf die Verleimung ist der Chemismus der Leimreaktion, der bei den eingeführten Leimen verschiedenartige Formen aufweist, von Bedeutung. Die auf kaltem Wege aushärtenden Kunstharzleime sind verkondensierte, aber noch reaktionsfähige Produkte aus jeweils 2 besonders reaktionsfähigen Komponenten, die in flüssiger Form teils als wäßrige Lösung Harnstoff-Formaldehyd), teils als Kunstharz-Emulsion mit Wasserzusatz (Phenol-Formaldehyd) oder als reines flüssiges Kunstharz (Resorzin-Formaldehyd) auf das zu verleimende Holz aufgestrichen werden und dann unter der Einwirkung bestimmter auf das Holz vorgestrichener (Harnstoff-Formaldehyd) oder dem Leim untermischter Katalysatoren (Phenol- und Resorzin-Formaldehyd) bei gleichzeitiger Aufnahme des Lösungs- oder Dispersionsmittels durch die Luft bzw. das Holz durch Kondensationsvorgänge auf dem Wege einer

Tabelle 2

Angewandte Leime

Bezeich-nung	Rohstoffgrundlage	Lieferform		Leimansatz G.T. Leim: G.T. Wasser	Härterzusatz G.T. Härter: G.T. Leimlösg.	verar-beitet
		Leim	Härter			
Hak	Harnstoff-Formaldehyd	Pulver	flüssig	1 : 0,5	vorgestrichen	kalt
Hak'	" + Bakelitpulver	Pulver	flüssig	1 : 0,4	vorgestrichen	
Mek	Melamin-Formaldehyd	Pulver	flüssig	1 : 0,5	vorgestrichen	
Pol	Polyvinylazetat	flüssig	-	-	-	
Kak	Kasein	Pulver	-	1 : 1,5	-	
Phek	Phenol-Formaldehyd	flüssig	flüssig	-	1 : 5	
Rek	Resorzin-Formaldehyd	flüssig	flüssig	-	1 : 5	
Hah	Harnstoff-Formaldehyd	Pulver	flüssig	1 : 0,5	1 : 10	heiß
Meh	Melamin-Formaldehyd	Pulver	-	1 : 2,2	-	
Pheh	Phenol-Formaldehyd	flüssig	-	1 : 0,25	-	

Vernetzungsreaktion aushärten. Als Katalysatoren werden dabei schwach sauer wirkende Salze, beim Harnstoff-Formaldehyd-Kunstharzleim z.B. Ammoniumchlorid und beim Phenol-Formaldehyd-Kunstharzleim Paratoluolsulfonsäure, verwendet. Die Ausgangsharze sind durch saure oder alkalische Mittel schwach vorkondensiert, so daß sie noch in Wasser löslich sind. Die Leimreaktion stellt hiernach bei den angeführten Kunstharzleimen einen kombiniert chemischen und physikalischen Vorgang der Kondensationshärtung und Austrocknung dar. Beim Kaseinleim findet bereits beim Ansetzen des Leimpulvers mit Wasser eine chemische Reaktion zwischen dem Leim und den ihm zugesetzten Kalziumverbindungen statt, dem in der Leimfuge ein zweiter chemischer Vorgang der Aushärtung durch eine Sol-Gel-Umwandlung folgt. Auch hier ist der chemische Vorgang verknüpft mit einer Austrocknung der Leimsubstanz. Beim Polyvinylacetat-Leim, der durch Polymerisationsverfahren gewonnen wird, findet keine chemische Umwandlung statt. Der Leim erhärtet lediglich durch einen rein physikalischen Vorgang der Austrocknung bei Abgabe des als Dispersionsmittel dienenden Wassers an die Luft und das Holz. Resorzin ist ein mehrwertiges Phenol, dessen Umsetzung mit Formaldehyd auch ohne Kondensationsmittel sehr stürmisch verläuft. Im ausgehärteten Zustand besitzen die Kunstharzleime, vor allem aus Phenol und Resorzin, hohe Beständigkeit gegenüber Wasser und Chemikalien, während der Polyvinylacetat - Leim bei guter chemischer Beständigkeit durch Wasser gelöst wird und der Kaseinleim verringerte Wasserbeständigkeit aufweist. Trotz ihrer geringeren Feuchtigkeitsbeständigkeit wurden die beiden letzteren Leime mit in die Untersuchungen einbezogen, weil sie für die Bauschreinerei bei der Herstellung von Fenstern und Türen von Bedeutung sind. Im Bauwesen herrscht bei den Kunstharzleimen die Montageleimung, d.h. die Verarbeitung bei normaler Temperatur vor, die allerdings, wie durch neuere Versuche nachgewiesen werden konnte (7) in bestimmten Fällen gegenüber der Anwendung von Heißleimverfahren geringere Widerstandsfähigkeit der Leimverbindungen gegenüber Witterungseinflüssen erwarten läßt. Maßgebend für die Sicherheit einer Leimung sind 3 Faktoren, eine gute spezifische Haftung des Leimes an der Holzsubstanz, eine gute mechanische Verankerung des Leimes in den Holzporen und ein ausreichender kohäsiver Zusammenhalt des Leimes in sich.

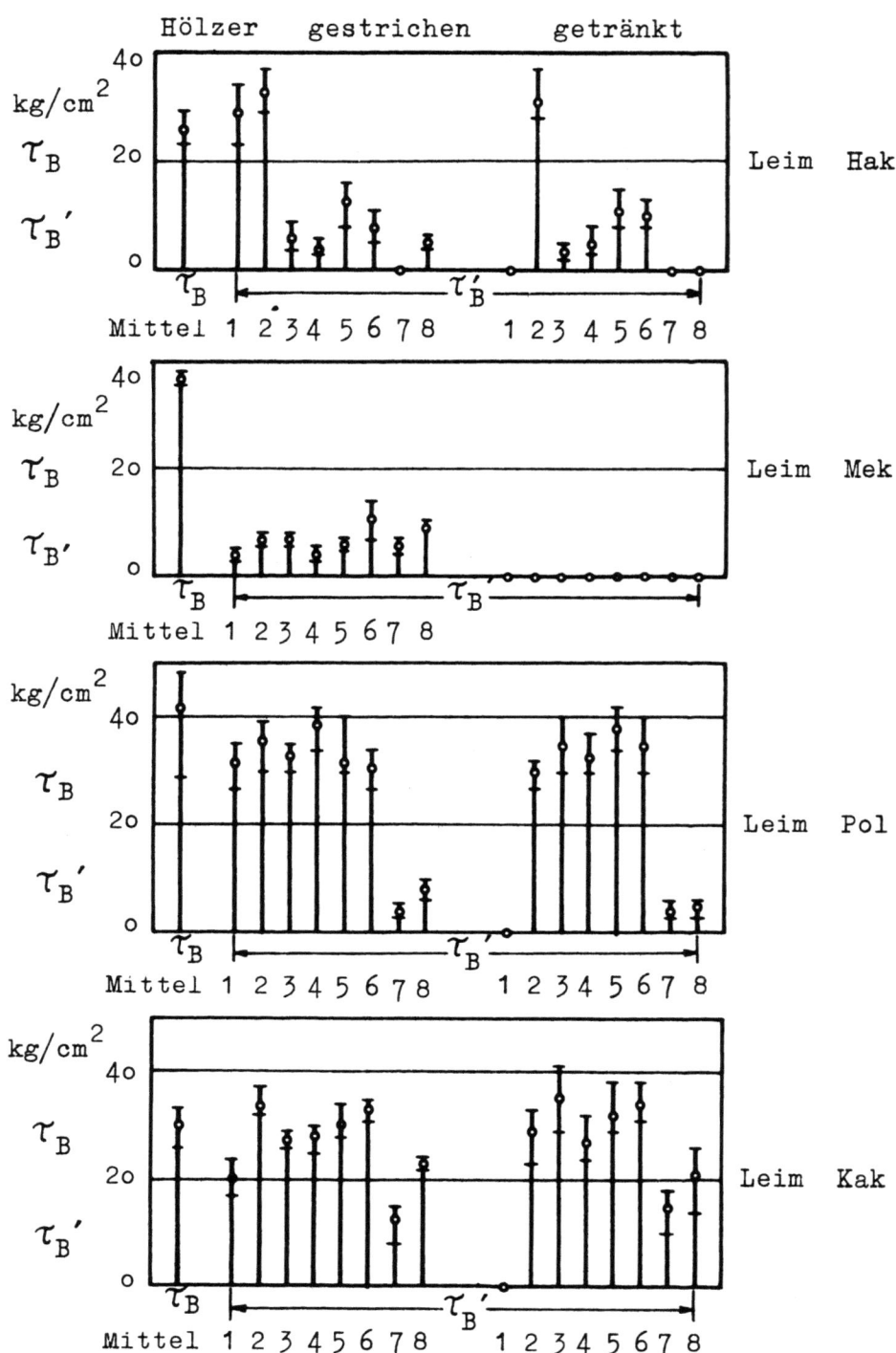

Abbildung 1
Trockenbindefestigkeit τ_B bzw. τ_B' von Verleimungen aus
unbehandelten und mit Schutzmitteln behandelten Hölzern
(Buchenfurniere zu Sperrholz verleimt)

Forschungsberichte des Wirtschafts- und Verkehrsministeriums Nordrhein-Westfalen

III. Versuchsergebnisse

1. Verleimbarkeit mit Holzschutzmitteln behandelter Hölzer

Bei den Versuchen wurden Buchenfurniere einmal durch eine Streichbehandlung (1-maliger Auftrag) und zum anderen in einer Tränkbehandlung (24 Stunden getaucht) behandelt und nach Verleimung der an der Luft wieder ausgetrockneten Lagen zu Sperrholz (angewandte Leime: Hak, Mek, Pol und Kak) an diesen Platten die Trockenbindefestigkeit τ_B (unbehandelte Furniere) und τ_B' (behandelte Furniere) ermittelt. Die verarbeitungstechnischen Bedingungen bei der Schutzbehandlung und bei der anschließenden Verleimung der Hölzer sind im einzelnen in Tabelle 3 angeführt. Als Trockenbindefestigkeit τ_B bzw. τ_B' gilt nach DIN-Entwurf 53 251, Ausgabe August 1951, die Bindefestigkeit der Verleimung nach Lagerung der Prüfproben in normalem Raumklima (Temperatur: 20 °C ± 1°, relative Luftfeuchtigkeit: 65 % ± 3 %).

Das Verfahren entspricht hinsichtlich Holzart und Formgebung nicht genau den praktischen Bedingungen des Bauwesens, hat aber den Vorteil des geringen Material- und Versuchsaufwandes und der guten Reproduzierbarkeit der Versuchsergebnisse infolge der Gleichmäßigkeit des Rohmaterials, so daß es für die ersten, mehr orientierenden Versuche besonders geeignet erschien.

Die Versuchsergebnisse sind in Abbildung 1 aufgezeichnet und lassen erkennen, daß in bestimmten Fällen mit einer Beeinträchtigung der Bindefestigkeit bei der Verleimung mit Schutzmitteln behandelter Hölzer gerechnet werden muß.

Bei den <u>wässrigen Salzlösungen</u> (Mittel 1 bis 6) war eine derartige Einwirkung bei Anwendung der durch Kondensation aushärtenden Kunstharzleime auf Harnstoff- und Melamin-Formaldehyd-Basis, insbesondere bei hohem Durchtränkungsgrad des Holzes (Tränkebehandlung) feststellbar. Es muß angenommen werden, daß das Schutzmittel im Holz die Kondensationsreaktion des Leimes bereits unmittelbar nach dem Leimauftrag, also vor der eigentlichen Verpressung der Hölzer einleitet und damit die spätere Bindung zwischen Holz und Leim beeinträchtigt. Um eine derartige chemische Reaktion zu überprüfen, wurden die p_H-Werte der Holzschutzmittel mit Indikatorpapier überschläglich ermittelt (s. Tabelle 1) und in Abbildung 2

Tabelle 3

Verarbeitungs- und prüftechnische Bedingungen bei den Versuchen von Abbildung 1

Buchenfurniere (220 mm x 220 mm x 1,5 mm,
γ_u = 0,62 bis 0,64 g/cm³, u = 9 bis 10 %) zu 3-fach Sperrholz verleimt.

Schutzmittelbehandlung der ungeleimten Furniere

a) Furniere 1 mal gestrichen
b) Furniere 24 Stunden durch Tauchen getränkt.

Ansatz der Mittel 1 bis 6 : 4 %ige wässrige Lösung

Mittel	Aufnahme an Schutzstoff Streichen g/m²	Tränkung kg/m³
1	4,1	17,6
2	4,8	17,0
3	4,6 *)	17,9 *)
4	4,4	18,6
5	4,4	17,1
6	4,5	16,7
7	128	-
8	138	-

*) Aufnahme an Festsubstanz

Verleimungsbedingungen der behandelten Furniere

Vor der Verleimung lagerten die behandelten Furniere 5 Monate im Normalklima (20 °C; 65 % rel. Luftf.)

Leim	Reifzeit Minuten	Auftragsmenge g/m²	offene Zeit Minuten	Preßdruck kg/cm²	Preßdauer Stunden	Preßtemperatur °C
Hak	30	170	10	15	2	19
Mek	30	166 bis 180	10	15	2	19
Pol	-	222 bis 303	5	15	4	19 bis 23
Kak	30	247 bis 259	5	15	4	21 bis 24

Prüfbedingungen

Alter der Verleimungen bei der Prüfung: 2 Monate

Probenform: entspr. DIN = Entwurf 53255, Jan. 50, Abbildung 1a

τ_B = Trockenbindefestigkeit von Proben aus unbehandelten Furnieren

τ_B' = Trockenbindefestigkeit von Proben aus mit Schutzmitteln behandelten Furnieren

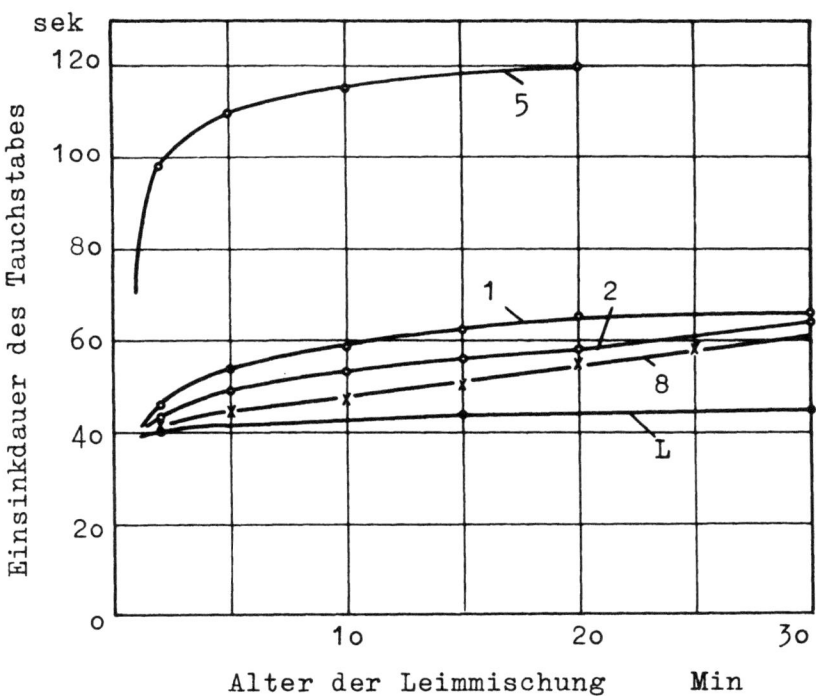

Abbildung 2

Viskositätsänderung einer Leimmischung aus Harnstoff-Formaldehyd-Kunstharz ohne und mit Zusatz von Holzschutzmitteln

Prüfgerät: Tauchstabviskosimeter nach KÜCH
Leimart: Hak
Ansätze: L = Leimpulver + Wasser (2:1) ohne Härter
 1 = Leimpulver + (Wasser + 4 % Schutzmittel 1)
 2 = Leimpulver + (Wasser + 4 % Schutzmittel 2)
 5 = Leimpulver + (Wasser + 2o % Schutzmittel 5)
 8 = (Leimpulver + Wasser) + 6 % Schutzmittel 8

die Änderung der Viskosität eines Leimansatzes aus Hak mit und ohne Zusatz der verschiedenen Schutzmittel mit einem Tauchstabviskosimeter (8) überprüft. Der stärkere Anstieg der Viskosität bei den Leimen mit Schutzmittelzusatz bestätigt die Beeinflussung der Leimreaktion durch die Schutzmittel.

Wenn das Schutzmittel 2 als einziges bei dem Leim Hak selbst bei stark durchtränktem Holz gute Leimbindefestigkeit lieferte, so muß angenommen werden, daß hier bestimmte Bestandteile des Mittels - Holzschutzmittel enthalten häufig Zusätze, die bestimmte Eigenschaften, z.B. korrosionshemmendes Verhalten gegenüber Eisen und gute Benetzungsfähigkeit herbeiführen sollen - eine neutralisierende Wirkung ausgeübt haben. Es dürfte schwierig sein, ohne genauere chemische Untersuchung des Mittels die wahre Ursache für sein gutes Abschneiden herauszufinden.

Überraschend günstig schneiden die Polyvinylacetat-Dispersion und der Kasein-Leim bei den mit Salzen behandelten Hölzern ab. In fast allen Fällen war hier auch bei hohem Durchtränkungsgrad eine sichere Verleimung möglich. Es zeigt sich, daß nur durch einen physikalischen Vorgang der Austrocknung abbindende Leime, wie z.B. die Polyvinylacetat-Dispersion und der Kasein-Leim, dessen chemische Abbindereaktion offensichtlich durch die Schutzmittelsalze nicht beeinflußt wird, für die Verarbeitung schutzmittelbehandelter Hölzer eher geeignet sind. Es eröffnen sich damit Aussichten, in der Bauschreinerei Verfahren des Holzschutzes durch Verleimung geschützter Hölzer anzuwenden. Eine gewisse Vorsicht in der Beurteilung der Versuchsergebnisse dürfte aber auch hier vorerst noch geboten sein, da bei dem Mittel 1 ebenfalls negative Ergebnisse festgestellt wurden. Außerdem sollte man eine Kontrolle der Laborversuche durch praktische Versuche vornehmen. Eine Beeinflussung der Leimsicherheit bei dem Mittel 1 durch den hier vorliegenden Zusatz von Dinitrophenol ist wenig wahrscheinlich, da sich ein derartiger Zusatz bei dem Mittel 3 nicht nachteilig auswirkte.

Bei den <u>öligen Mitteln</u> 7 und 8 (Chlornaphthalin und Teeröl) versagte die Leimung bei den Kunstharzleimen Hak und Mek und erfuhr bei den Leimen Pol und Kak gegenüber der Trockenbindefestigkeit unbehandelter Hölzer eine bei dem Leim Pol stärkere, bei dem Leim Kak dagegen nur geringfügige Beeinträchtigung. Als Ursache ist hier neben einer Beeinflussung der chemischen Aushärtungsreaktion bei den Kunstharzleimen aus Harnstoff- und Melamin-Harzen bei dem Dispersionsleim aus Polyvinylacetat und dem Kaseinleim vor allem eine Verringerung der Benetzbarkeit des Holzes, die das Eindringen des Leimes in die Poren des Holzes verhindert und seine spezifische Haftung an den Faserwandungen herabsetzt, wahrscheinlich. Die Feststellung, daß auch die öligen und ölartigen Mittel eine Beeinträchtigung der Leimbindefestigkeit ergeben, steht vorläufig noch im Widerspruch zu bereits von anderer Seite durchgeführten Untersuchungen (1), bei denen mit chloriertem Naphthalin und Teeröl getränkte Hölzer mit einem Harnstoff- Formaldehyd-Kunstharzleim sicher verleimt werden konnten. Es bedarf noch der Klärung, inwieweit hier die bei den Versuchen sowohl hinsichtlich Leimsorte, Holzart und Prüfverfahren angewandten unterschiedlichen Versuchsbedingungen oder auch Abweichungen in der Art der untersuchten Tränmittel einen Einfluß ausgeübt haben. Vermutlich spielt bei den öligen Mitteln auch die Aufnahmefähigkeit des jeweils verwandten Holzes eine große Rolle und wird sich in dieser Hinsicht Kiefernholz besser verhalten als das bei den neuen Versuchen angewandte Buchenholz, das hohe Tränkstoffaufnahme erwarten läßt. Die bisher mitgeteilten Versuche lassen außerdem unberücksichtigt, inwieweit durch eine nachträgliche Oberflächenbehandlung der Leimflächen der getränkten Hölzer eine Verbesserung möglich ist. Im Ausland sind Versuche bekannt geworden (9), nach denen durch eine Beseitigung der besonders stark durchtränkten Außenschicht der Hölzer die Verleimung ölgetränkter Hölzer möglich wird.

Klar erkennbar ist, daß die Schwierigkeit der Verleimung behandelter Hölzer bei den Kunstharzleimen (Hak, Mek) mit dem Grad der Schutzmittelaufnahme (Streich- und Tränkbehandlung) zunimmt, während die Leime Pol und Kak in dieser Hinsicht weniger empfindlich sind. Tabelle 4 enthält die von den Herstellerfirmen vorgeschriebenen Auftragsmengen der Holzschutzmittel. Im Vergleich zu den praktischen Verhältnissen waren bei den durchgeführten Untersuchungen die erzielten Aufnahmen an Schutzmittel bei der Streichbehandlung extrem niedrig, bei der Tränkungsbehandlung dagegen verhältnismäßig hoch (vgl. Tabellen 1 und 2).

Tabelle 4

Von den Herstellerfirmen vorgeschriebene Auftragsmengen der angewandten Holzschutzmittel

Mittel	Spritzverfahren g/m^2	Tränkbehandlung kg/m^3
1	-	2,0 bis 2,5
2	-	2,0 bis 2,5
3	30 bis 50	2,0 bis 4,0
4	30 bis 50	2,0 bis 4,0
5	30	3,0
6	25 bis 35	2,0 bis 4,0
7	200	-
8	150 bis 200	15 bis 30

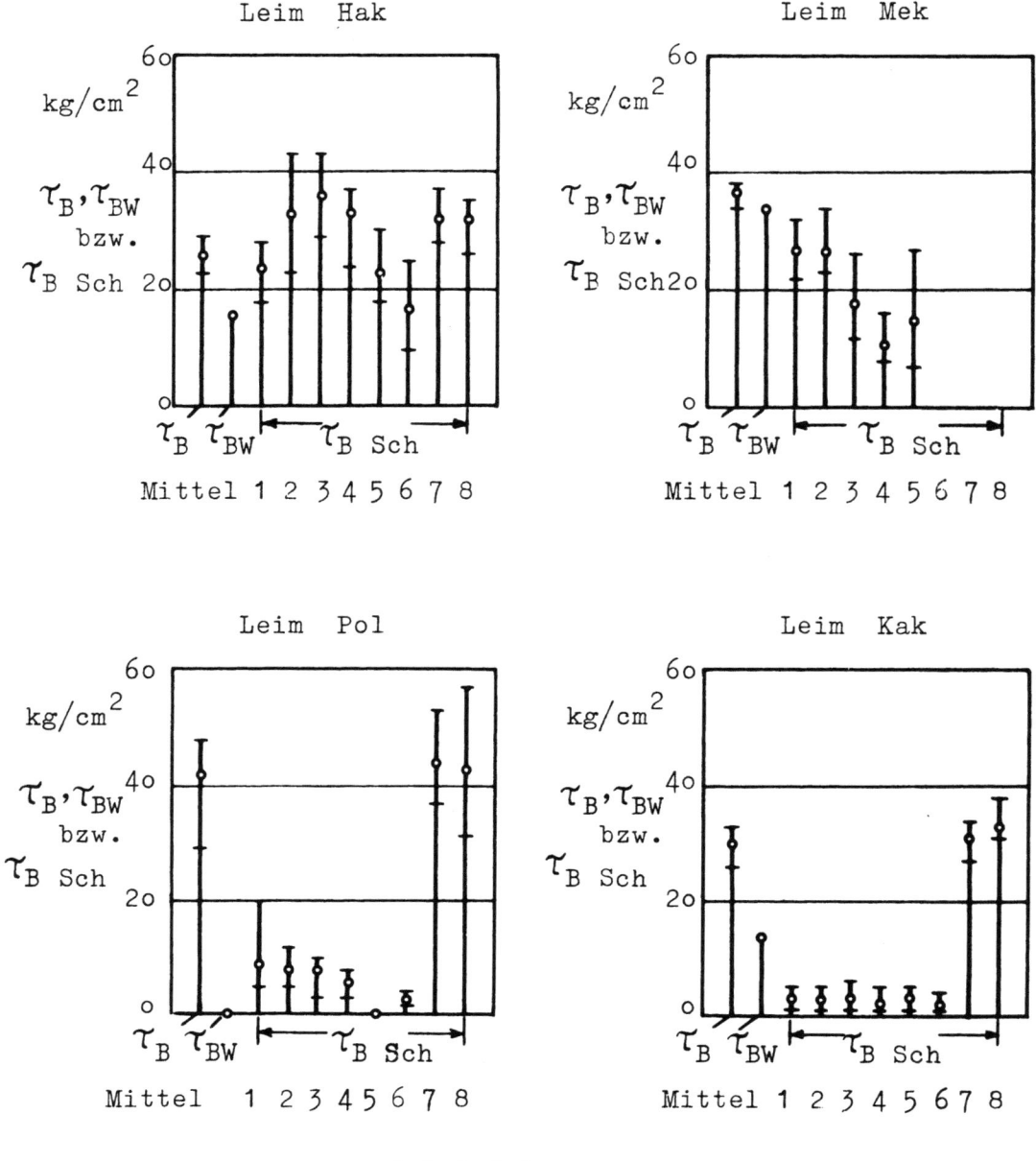

Abbildung 3
Bindefestigkeit mit Holzschutzmitteln getränkter
Verleimungen (Verleimungsart: Buchensperrholz)

2. Beurteilung der Einwirkung einer nachträglichen Holzschutzbehandlung auf verleimte Holzteile

Abbildung 3 und 4 zeigen Versuchsergebnisse in dieser Richtung für die Leime Hak, Mek, Pol und Kak nach dem unter 1 angewandten Verfahren. Bei den Versuchen wurden Leimfestigkeitsprüfproben aus Buchensperrholz (Verleimungs- und Behandlungsbedingungen siehe Tabelle 5) auf ihre Tränkstoffbindefestigkeit $\tau_{B\,Sch}$ und Wiedertrockenbindefestigkeit getränkter

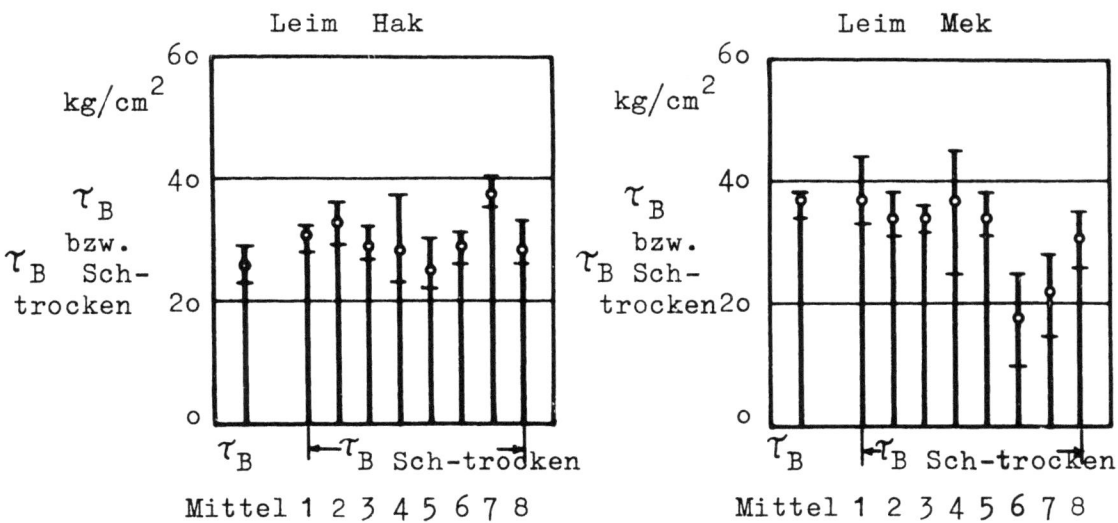

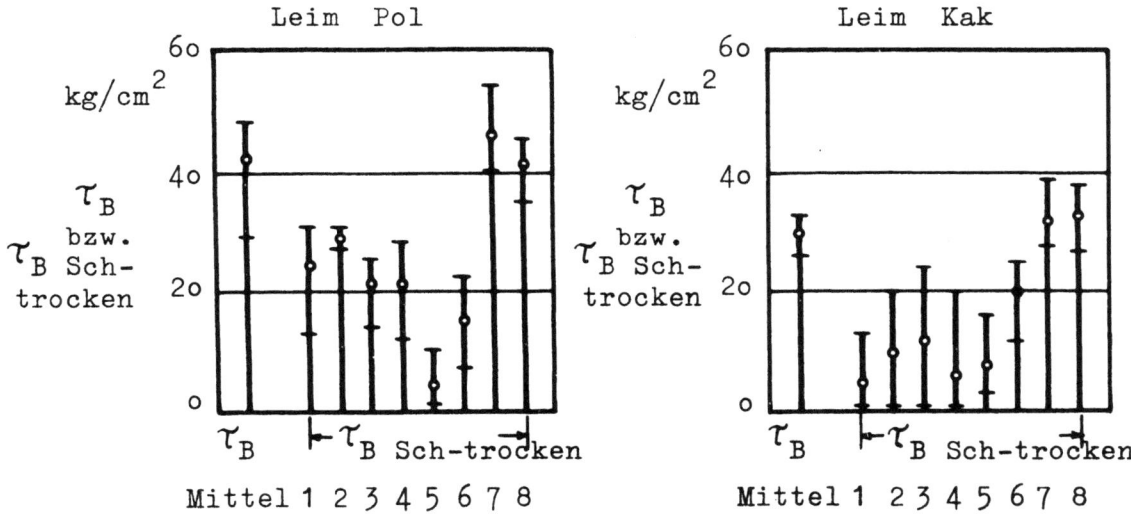

Abbildung 4

Bindefestigkeit mit Holzschutzmitteln getränkter und anschließend wieder ausgetrockneter Verleimungen (Verleimungsart: Buchensperrholz)

Proben $\tau_{B\ Sch\text{-}trocken}$ geprüft. Als Tränkstoffbindefestigkeit $\tau_{B\ Sch}$ gilt in dem vorliegenden Fall die Bindefestigkeit der Prüfproben in unmittelbarem Anschluß an eine 7-tägige Einlagerung in die verschiedenen Schutzmittel und als Wiedertrockenbindefestigkeit $\tau_{B\ Sch\text{-}trocken}$ die Bindefestigkeit 7 Tage getränkter Proben bei anschließender 7-tägiger Wiederangleichung an normale klimatische Bedingungen. Zum Vergleich sind in Abbildung 3 und 4 die Trockenbindefestigkeit τ_B und die Wasserbindefestigkeit τ_{BW} von Proben ohne nachträgliche Schutzbehandlung mit aufgeführt.

Forschungsberichte des Wirtschafts- und Verkehrsministeriums Nordrhein-Westfalen

Tabelle 5

Verarbeitungs- und prüftechnische Bedingungen bei den Versuchen von Abbildung 3 und 4

Buchenfurniere (400 mm x 400 mm x 1,0 mm; γ_u = 0,62 bis 0,64 g/cm³; μ = 9 bis 10 %) zu 3-fach Sperrholz verleimt.

Verleimungsbedingungen der unbehandelten Furniere siehe Abbildung 1

Schutzmittelbehandlung der Prüfproben

Probenform: entspr. DIN = Entwurf 53255, Jan. 50, Abbildung 1a
Alter der Verleimungen bei der Tränkung: 5 Monate
Proben 7 Tage mit den Schutzmitteln durch Tauchen getränkt
Ansatz der Mittel 1 bis 6 entsprechend Abbildung 1

Prüfbedingungen

τ_B = Trockenbindefestigkeit unbehandelter Proben

$\tau_{B\ Sch}$ = Bindefestigkeit 7 Tage mit den Schutzmitteln getränkter Proben

$\tau_{B\ Sch\ -\ trocken}$ = Bindefestigkeit mit den Schutzmitteln 7 Tage getränkter und anschließend wieder 7 Tage im Normalklima angeglichener Proben

τ_{BW} = Bindefestigkeit 4 Tage gewässerter Proben auf Grund früherer Versuche (7).

Als Wasserbindefestigkeit τ_{BW} gilt die Bindefestigkeit der Prüfproben in unmittelbarem Anschluß an eine Einlagerung in Wasser, in dem vorliegenden Fall von einer Dauer von 4 Tagen (die Versuchsergebnisse rühren von früheren Versuchen her).

Die Versuchsergebnisse lassen zunächst grundsätzlich erkennen, daß eine Schutzbehandlung des Holzes nach der Verleimung erheblich sicherer ist als die Verleimung bereits behandelter Hölzer.

So zeigt bei der Verwendung wässeriger Salzlösungen der Harnstoff-Formaldehyd-Kunstharzleim (Hak) ein auffallend günstiges Verhalten. Mit ihm wurde in den meisten Fällen unmittelbar in mit Schutzmittel durchtränktem

Zustand der Hölzer (Tränkstoffbindefestigkeit $\tau_{B\ Sch}$) eine über der Trokkenbindefestigkeit τ_B und Wasserbindefestigkeit τ_{BW} liegende Leimgüte festgestellt (Abb. 3), die mit einer Nachhärtung des Leimes durch die in den Schutzmitteln enthaltenen Salze gedeutet werden kann. In früheren Untersuchungen (7) konnte nachgewiesen werden, daß die im Vorstrichverfahren und auf kaltem Wege hergestellten Verleimungen aus Harnstoffharz verhältnismäßig geringe Beständigkeit gegenüber Feuchtigkeitswirkung besitzen, da der auf das Holz vorgestrichene Härter für eine völlige Aushärtung der aufgetragenen Leimmasse nicht ausreicht. Es hat den Anschein, als ob eine nachträgliche Schutzbehandlung mit Salzen diesen Nachteil wieder ausgleicht. Nach Austrocknung der den Salzlösungen ausgesetzten Verleimungen wurden bei dem Leim Hak in allen Fällen die Ausgangsbindefestigkeit wieder erreicht (Abb. 4). Die feuchtigkeitsempfindlichen Leime Pol und Kak zeigen bei den Salzen in der gleichen Weise wie bei der Wasserbindefestigkeit τ_{BW} eine starke Beeinträchtigung der Bindefestigkeit durch das beim Ansetzen der Mittel verwandte Lösungswasser.

Eine nachträgliche Behandlung der Verleimungen mit ölartigen und öligen Mitteln führt dagegen nicht nur bei den Kondensations-Kunstharzen (Leime Hak und Mek), sondern auch bei den Leimen Pol und Kak selbst in durchtränktem Zustand in keiner Weise eine Beeinträchtigung der Verleimung herbei, wobei zu berücksichtigen ist, daß die bei den Versuchen angewandte Tränkungsbehandlung eine im Vergleich zur Praxis besonders starke Beanspruchung darstellte. Die Tränkstoffbindefestigkeit $\tau_{B\ Sch}$ und Wiedertrockenbindefestigkeit $\tau_{B\ Sch-trocken}$ der Verleimungen liegen hier bei den Leimen Hak, Pol und Kak durchweg höher als die Trockenbindefestigkeit. Es dürfte dies weniger mit einer chemischen Einwirkung der Tränkstoffe auf die Leime als vielmehr damit zusammenhängen, daß das durch die Tränkbehandlung erweichte Holz bei der Prüfung der Bindefestigkeit einen stärkeren Ausgleich der bei der angewandten Prüfmethode unvermeidlichen Spannungsspitzen ermöglicht.

Den praktischen Verhältnissen mehr angepaßt sind die anschließend durchgeführten und in Abbildung 5 und 6 wiedergegebenen Versuche. Hier wurden Längsverleimungen aus Kiefernholz bei Verwendung der für das Bauwesen bedeutungsvollsten Leimsorten (Montagekaltleim Phek aus Phenol-Formaldehyd-Kunstharz, Montagekaltleim Hak aus Harnstoff-Formaldehyd-Kunstharz mit Bakelitepulver-Zusatz und Montagekaltleim Rek aus Resorzin-Kunstharz)

Forschungsberichte des Wirtschafts- und Verkehrsministeriums Nordrhein-Westfalen

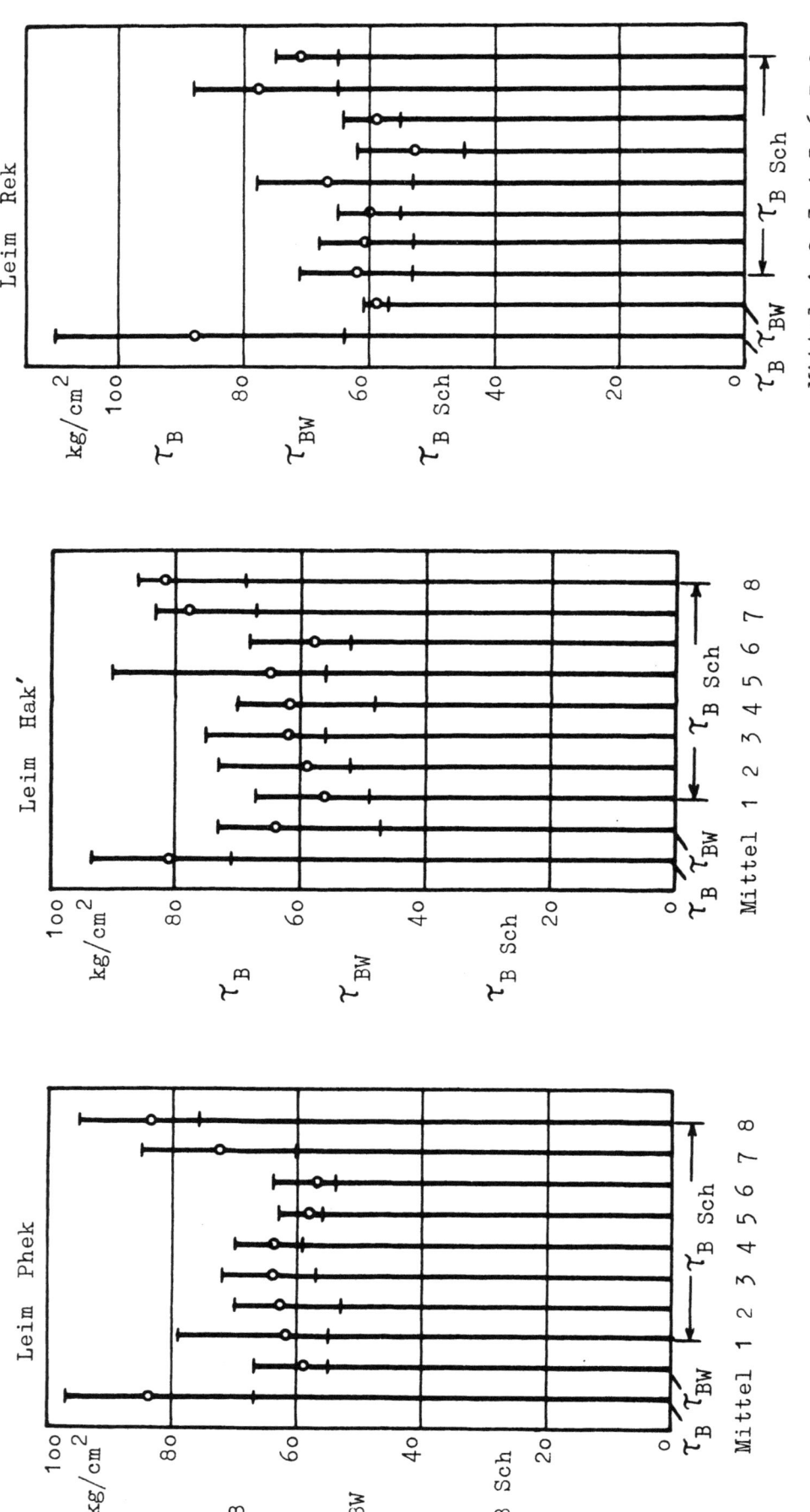

Abbildung 5

Bindefestigkeit mit Holzschutzmitteln getränkter Verleimungen
(Längsverleimungen aus Kiefer)

Forschungsberichte des Wirtschafts- und Verkehrsministeriums Nordrhein-Westfalen

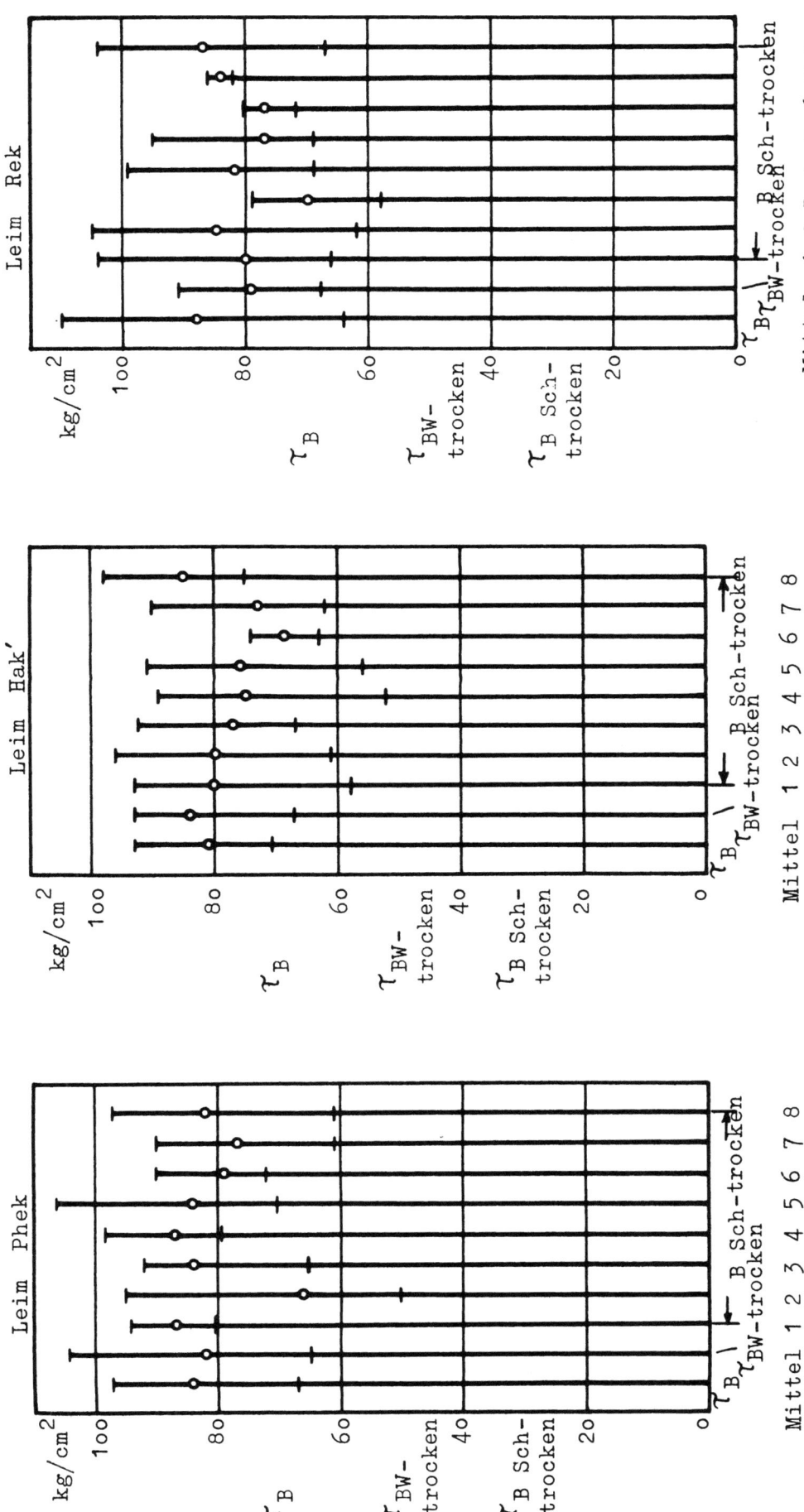

Abbildung 6

Bindefestigkeit mit Holzschutzmitteln getränkter und anschließend wieder ausgetrockneter Verleimungen (Längsverleimungen aus Kiefer)

Forschungsberichte des Wirtschafts- und Verkehrsministeriums Nordrhein-Westfalen

auf ihre Trockenbindefestigkeit τ_B, Wasserbindefestigkeit τ_{BW} (48-stündige Wasserlagerung der Proben) und Tränkstoffbindefestigkeit $\tau_{B\,Sch}$ (48-stündige Lagerung der Proben in den verschiedenen Schutzmitteln) (Abb. 5) und die entsprechenden Wiedertrockenbindefestigkeitswerte $\tau_{BW\text{-trocken}}$ bzw. $\tau_{B\,Sch\text{-trocken}}$ (Abb. 6) geprüft (Verleimungs- und Behandlungsbedingungen siehe Tabelle 6).

Tabelle 6

Verarbeitungs- und prüftechnische Bedingungen bei den Versuchen von Abbildung 5 und 6

Kiefernholzbrettchen (150 mm x 120 mm x 5 mm; μ = 12 %) entsprechend DIN = Entwurf 53 254, Sept. 51, längs verleimt.

Verleimungsbedingungen der unbehandelten Hölzer

Leim	Reifzeit Minuten	Auftragsmenge g/m²	offene Zeit Minuten	Preßdruck	Preßdauer Stunden	Preßtemperatur °C
Phek	10	158	30	Zwingen	24	20
Hak	30	298	10	Zwingen	24	20
Rek	10	206	5	Zwingen	24	20

Schutzmittelbehandlung der Prüfproben

Probenform: entspr. DIN-Entwurf 53 254, Sept. 51, Abbildung 2
Alter der Verleimungen bei der Behandlung: 7 Tage
Proben 48 Stunden durch Tauchen getränkt.

Mittel	Ansatz	Aufnahme an festem Schutzmittel bzw. Öl [+)] kg/m³					
		Versuche Abb. 5			Versuche Abb. 6		
		Phek	Hak'	Rek	Phek	Hak'	Rek
1	4 %	3,6	1,3	4,7	4,5	1,5	3,0
2	4 %	4,0	2,7	2,7	2,6	1,5	3,5
3	10 %	7,6	7,0	3,5	8,3	7,7	3,0
4	10 %	10,3	9,2	7,2	11,4	8,8	7,9
5	20 %	11,4	11,3	9,1	6,9	10,8	10,8

Tabelle 6 (Fortsetzung)

Mittel	Ansatz	Aufnahme an festem Schutzmittel bzw. Öl [+]) kg/m³					
		Versuche Abb. 5			Versuche Abb. 6		
		Phek	Hak'	Rek	Phek	Hak'	Rek
6	4 %	1,3	2,5	8,1	2,7	3,3	6,4
7	-	45,0	47,0	45,0	60,0	61,0	50,0
8	-	45,0	62,0	50,0	34,0	61,0	49,0

[+]) ermittelt an den wieder getrockneten Proben durch Wägung

Prüfbedingungen

τ_B = Trockenbindefestigkeit unbehandelter Proben

τ_{BW} = Bindefestigkeit 48 Stunden gewässerter Proben

$\tau_{B\,Sch}$ = Bindefestigkeit 48 Stunden mit den Schutzmitteln getränkter Proben

τ_{BW} - trocken = Bindefestigkeit 48 Stunden gewässerter und anschließend wieder 7 Tage im Normalklima

$\tau_{BSch-trocken}$ = Bindefestigkeit mit den Schutzmitteln 48 Stunden getränkter und anschließend wieder 7 Tage im Normalklima angeglichener Proben

Die Versuchsergebnisse lassen bei den in Wasser gelösten Salzen erkennen, daß die Tränkungsbehandlung im unmittelbar durchtränkten Zustand der Verleimungen eine Verringerung der Bindefestigkeit zur Folge hat, die aber im allgemeinen nicht höher liegt als bei der Einwirkung von reinem Wasser, und daß nach Wiederaustrocknung der Teile die ursprünglichen Bindefestigkeitswerte etwa wieder erreicht werden. In die Augen fällt, daß bei den jetzigen Versuchen eine Vergütungswirkung durch Nachhärtung bei dem Harnstoff-Kunstharz-Leim, wie sie bei den Versuchen von Abbildung 3 beobachtet wurde, nicht in Erscheinung trat. Es mag dies damit zusammenhängen, daß bei den neuen Versuchen ein Leim mit Bakelit-Pulver-Zusatz verwendet wurde und daß bei einem derartigen Leim der Zusatz von Stoffen geringer chemischer Labilität die Einleitung nachträglicher Kondensationsreaktionen erschwert. Bei den öligen Mitteln konnte auch jetzt wieder eine nennenswerte Beeinträchtigung der Sicherheit der Verleimungen gegenüber der Trockenbindefestigkeit selbst in unmittelbar durchtränktem Zustand nicht festgestellt werden.

Trotz der teilweise Erfolg versprechenden Ergebnisse erschienen auf Grund der bisher durchgeführten Versuche sichere Entscheidungen über die Anwendbarkeit von Holzschutzbehandlungen bei geleimten Konstruktionen, zumindest bei den Salzen, noch nicht möglich. Es muß in diesem Zusammenhang auf die in der letzten Zeit besonders eifrig diskutierte Frage der faserschädigenden Wirkung bei Kunstharzleimen hingewiesen werden (2) (3) (4) (5). Schäden an in normaler Weise verleimten Dachkonstruktionen führten zu der Erkenntnis, daß bei durch Säure aushärtenden Montageleimen aus Phenolharz durch nicht völlig gebundene Säureanteile bei wechselnden klimatischen Bedingungen, wie sie bei dem fraglichen Anwendungsgebiet die Regel sind, eine Säureschädigung des Harzes an der Leimfläche und damit eine Beeinträchtigung der Festigkeit der Leimverbindungen auftreten kann, die mit den bisher bei den Leimen üblichen Kurzprüfmethoden der Bestimmung der Trocken-, Naß- und Wiedertrockenbindefestigkeit nicht erfaßt werden kann, sondern bei deren Beurteilung man auf die Anwendung den praktischen Verhältnissen angepaßter wechselnder klimatischer Bedingungen angewiesen ist, da hier der dauernde Wechsel der Konzentration der möglicherweise vorhandenen freien Säuren bei aufeinanderfolgender Austrocknung und Befeuchtung des Holzes die entscheidende und gefahrbringende Beanspruchung darstellt. Nach den neueren Erfahrungen muß unter diesen Verhältnissen damit gerechnet werden, daß freie Säuren auch oberhalb der bisher als schädlich erkannten Grenzen, die nach KOLLMANN bei einem p_H-Wert von etwa 2 liegt (1o), auf die Holzfaser schädigend wirken können.

Um die Möglichkeit einer Beeinträchtigung der Leimsicherheit in dieser Hinsicht nicht nur vom Leim, sondern auch von der Schutzmittelbehandlung her überprüfen zu können, wurden die bisherigen Versuche durch Ermittlungen über die Klimabindefestigkeit der Holzverleimungen ergänzt. Längsverleimungen aus Kiefer, die nachträglich einer Holzschutzbehandlung (Streich- und Tränkbehandlung) ausgesetzt waren, wurden nach längerer klimatischer Wechselbeanspruchung durch feuchte bzw. trockene Wärme im wiederangeglichenen Zustand im Vergleich zu Proben ohne Schutzmittelbehandlung (τ_{BKl}) auf ihre Bindefestigkeit $\tau_{B\ Sch-Kl}$ geprüft. Als Zyklus

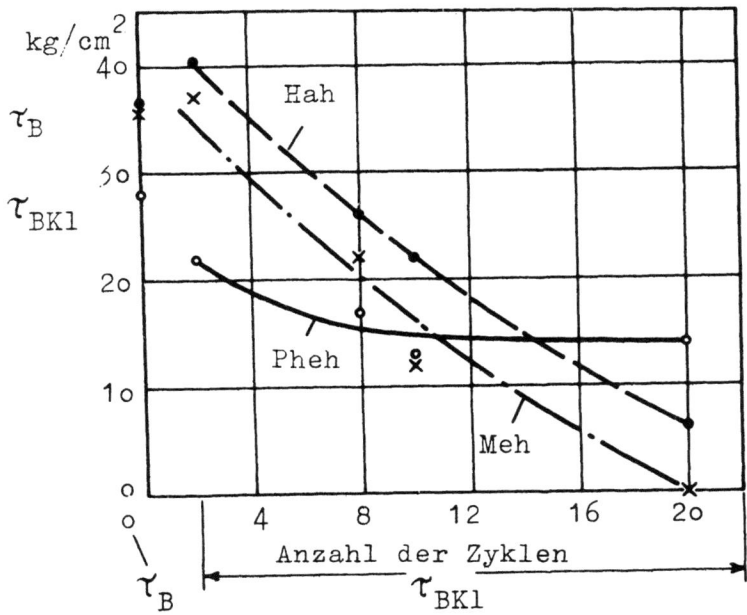

Abbildung 7
Klimabindefestigkeit von Kunstharzleimen
(Verleimungsart: Buchensperrholz, Heißleimung)

dieser Wechselbeanspruchung wurden die folgenden Bedingungen gewählt:

48 Stunden 40 °C   95 % relative Luftfeuchtigkeit
24 Stunden 40 °C   30 % relative Luftfeuchtigkeit

Ein Anhaltspunkt über die zweckmäßige Dauer der Wechselbeanspruchung konnte auf Grund einiger Untersuchungen über die Klimabeständigkeit von Heißverleimungen mit Phenol- Harnstoff- und Melamin-Formaldehyd-Kunstharz gewonnen werden (Abb. 7 und Tab. 7). Bei den Versuchen strebte der Leim Pheh mit der Dauer der Beanspruchung einem Grenzwert der Klimafestigkeit von etwa 15 kg/cm^2 zu, während bei den Leimen Hah und Meh die Bindefestigkeit stetig abfiel. Auf Grund des gefundenen Kurvenverlaufes wurde bei den neuen Ermittlungen eine Wechselbeanspruchung der angegebenen Art von insgesamt 20 Zyklen zugrundegelegt.

Die Versuchsergebnisse sind in Abbildung 8 (2-malige Spritzbehandlung der Verleimungen) und Abbildung 9 (48-stündige Tränkbehandlung) aufgezeichnet und ermöglichen die folgenden grundsätzlichen Feststellungen:

1) Im Gegensatz zu den Versuchen von Abbildung 7 (Heißverleimungen aus Buchenfurnieren mit den Leimen Hah, Pheh, Meh) erfährt bei den neuen Versuchen (Kaltverleimungen aus Kiefer mit den Leimen Phek, Hak und Rek)

Tabelle 7

Verarbeitungs- und prüftechnische Bedingungen bei den
Versuchen von Abbildung 7

Buchenfurniere (400 mm x 400 mm x 1,0 mm; γ_u = 0,62 bis 0,64 g/cm³;
μ = 9 bis 10 %) zu 3-fach Sperrholz verleimt.

Verleimungsbedingungen

Leim	Reifzeit Minuten	offene Zeit Minuten	Preßdruck kg/cm²	Preßdauer Minuten	Preßtemperatur °C
Pheh	10	5	15	9	135
Hah	30	5	15	9	100
Meh	30	5	15	7	110

Prüfbedingungen

Alter der Verleimungen bei Beginn der Prüfungen: 7 Tage

Probenform: entspr. DIN = Entwurf 53255, Jan. 50, Abbildung 1a

τ_B = Trockenbindefestigkeit

τ_{BKl} = Klimabindefestigkeit

Proben 2, 8, 10 und 20 Zyklen einer klimatischen
Wechselbeanspruchung ausgesetzt und
7 Tage wieder im Normalklima angeglichen.

1 Zyklus = 48 Stunden 40 °C; 95 % rel. Luftf.
24 Stunden 40 °C; 30 % rel. Luftf.

die Bindefestigkeit normaler Verleimungen (keine Schutzmittelbehandlung) durch die Klimabehandlung keine Beeinträchtigung.

2) Die Streuung der Bindefestigkeitswerte hat durch die Schutzmittelbehandlung eine wesentliche Erhöhung erfahren (vgl. vor allem in Abb. 8 Leim Rek, Mittel 3 und in Abb. 9 Leim Phek, Mittel 1).

3) Die bei den behandelten Verleimungen gefundenen Maximalwerte der Klimabindefestigkeit liegen teilweise wesentlich unter denen der Verleimungen

Forschungsberichte des Wirtschafts- und Verkehrsministeriums Nordrhein-Westfalen

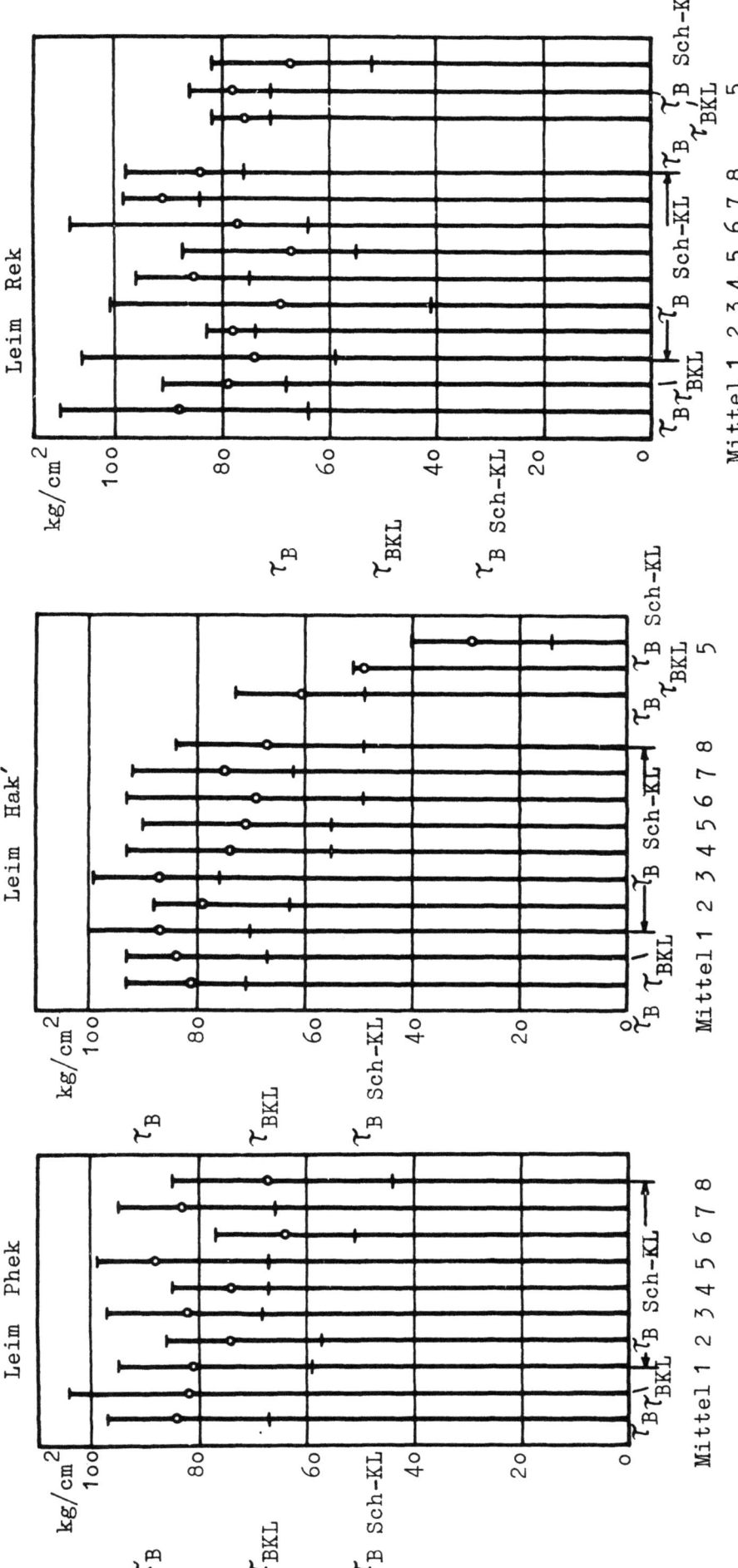

Abbildung 8

Klimabindefestigkeit mit Holzschutzmitteln behandelter Verleimungen
(Längsverleimungen aus Kiefer, Spritzbehandlung)

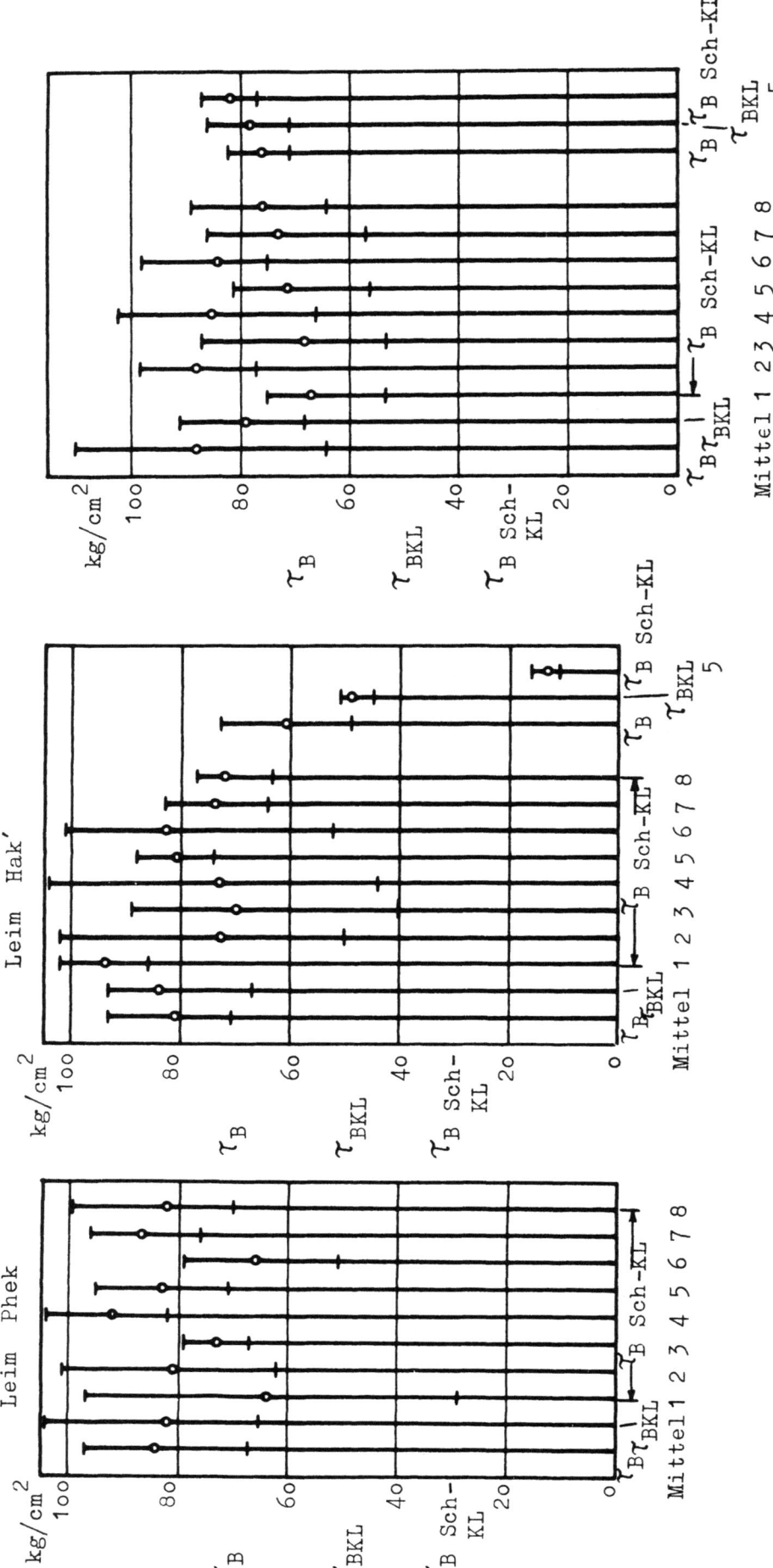

Abbildung 9

Klimabindefestigkeit mit Holzschutzmitteln behandelter Verleimungen
(Längsverleimungen aus Kiefer, Tränkbehandlung)

Tabelle 8

Verarbeitungs- und prüftechnische Bedingungen bei den Versuchen von Abbildung 8 und 9

Kiefernholzbrettchen (150 mm x 120 mm x 5 mm; μ = 12 %) entsprechend DIN = Entwurf 53254, Sept. 51, längs verleimt.

Verleimungsbedingungen der unbehandelten Hölzer
siehe Abbildung 5 und 6

Schutzmittelbehandlung der Prüfproben

Probenform: entspr. DIN = Entwurf 53254, Sept. 51, Abbildung 2
Alter der Verleimung bei der Behandlung: 7 Tage
  a) Proben 2 mal gespritzt
  b) Proben 48 Stunden durch Tauchen getränkt

Mittel	Ansatz	Aufnahme an festem Schutzmittel bzw. Öl *)					
		Proben gespritzt g/m²			Proben getränkt kg/m³		
		Phek	Hak'	Rek	Phek	Hak'	Rek
1	4 %	19	18	10	4,1	1,3	3,1
2	4 %	22	22	19	3,1	4,7	6,0
3	10 %	21	18	17	6,8	4,8	7,2
4	10 %	20	24	24	10,9	4,1	6,7
5 Vers.1	20 %	56	49	53	7,4	7,3	8,3
5 Vers.2	20 %	-	18	18	-	5,3	6,8
6	4 %	20	17	10	1,5	1,5	6,8
7	-	220	242	169	28,0	57,0	52,0
8	-	-	-	92	70	54,0	58,0	60,0

*) ermittelt an den wieder getrockneten Proben durch Wägung

Prüfbedingungen

τ_B = Trockenbindefestigkeit unbehandelter Proben

τ_{BKL} = Klimabindefestigkeit unbehandelter Proben

$\tau_{B\ Sch-KL}$ = Klimabindefestigkeit mit den Schutzmitteln behandelter Proben

Proben mit den Schutzmitteln behandelt,

7 Tage im Normalklima angeglichen,

20 Zyklen einer klimatischen Wechselbeanspruchung ausgesetzt,

7 Tage wieder im Normalklima angeglichen

1 Zyklus = 48 Stunden 40 °C; 95 % rel. Luftf.
      = 24 Stunden 40 °C; 30 % rel. Luftf.

ohne Schutzmittelbehandlung, wobei auffällt, daß bei den Leimen Phek und Hak der teilweise Abfall der Bindefestigkeit mit Erhöhung der Intensität der Schutzbehandlung (Tauchen gegenüber Streichen) größer wird, während bei dem Leim Rek die Gleichmäßigkeit der Werte bei der Tränkungsbehandlung höher liegt als bei der Streichbehandlung.

4) Dem teilweisen Abfall der Bindefestigkeit bei den schutzmittelbehandelten Verleimungen steht in einigen Fällen ein nicht unwesentlicher Anstieg der Werte gegenüber. Die Maximalwerte der Klimabindefestigkeit (100 bis 108 kg/cm^2) werden in der Regel von Verleimungen mit nachträglicher Schutzbehandlung erreicht.

5) Die Reproduzierbarkeit der Versuchsergebnisse ist unsicher. Bei dem Mittel 5 wurden Kontrollversuche angestellt, die nur bei dem Leim Rek die anfänglichen Resultate bestätigten, bei dem Leim Hak dagegen nunmehr zu wesentlich niedrigeren Werten für die Klimabindefestigkeit der unbehandelten und behandelten Verleimungen führten (τ_{BKL} und $\tau_{B\ Sch-KL}$, 5 rechts in Abb. 8 und Abb. 9).

6) Die unter 5 aufgeführten Kontrollversuche für das Mittel 5 lieferten den eindeutigen Beweis, daß sich bei schutzmittelbehandelten Verleimungen die Resorzin-Kunstharzverleimung hinsichtlich ihrer Widerstandsfähigkeit gegenüber wechselnden klimatischen Bedingungen wesentlich günstiger verhält als die Harnstoff-Formaldehyd-Kunstharzverleimung. Besonders kraß tritt dieser Unterschied bei Anwendung der Tränkbehandlung in Abbildung 9 in Erscheinung.

7) Eine mit Kiefern- und Fichtenholz hinsichtlich der Klimabindefestigkeit an unbehandelten und mit dem Mittel 5 durch Spritzen und Tauchen behandelten Verleimungen durchgeführte Vergleichsversuchsreihe (Abb. 10) führte zu der Erkenntnis, daß die Gefährdung der Leimsicherheit durch die Schutzbehandlung im Falle der Harnstoff-Kunstharzverleimung bei Kiefer größer ist als bei Fichte ($\tau_{B\ Sch-Kl}$) bei Kiefer getränkt: 13 kg/cm^2 und bei Fichte getränkt: 47 kg/cm^2), die Resorzin-Kunstharzverleimung aber diesen unterschiedlichen Einfluß der Holzart offensichtlich wieder auszugleichen vermag (Klimabindefestigkeit jetzt bei Kiefer und Fichte etwa übereinstimmend).

Die Feststellung unter 1, daß die Heißleimung mit Kunstharzen bei den Versuchen von Abbildung 7 einen starken Abfall, die Kaltleimung dagegen

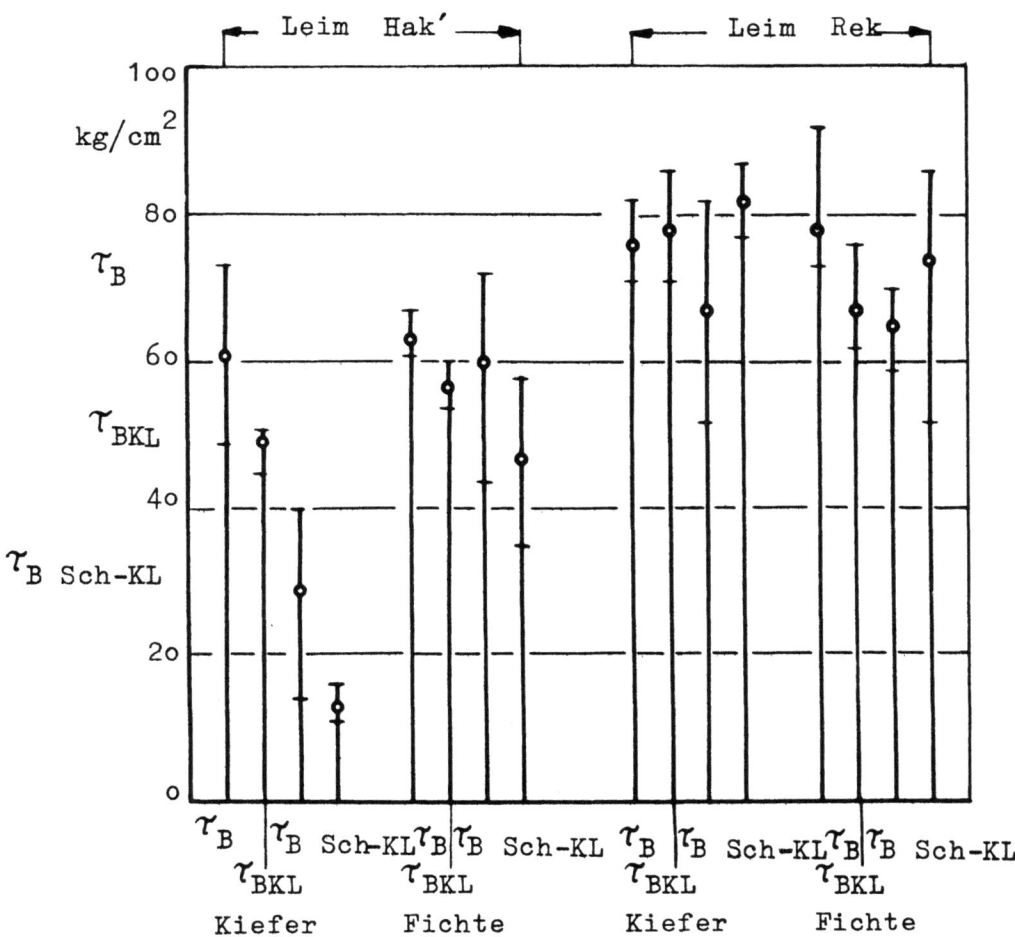

$\tau_{B\ Sch-KL}$: links gespritzt; rechts tauchgetränkt Holzschutzmittel 5

Abbildung 10

Klimabindefestigkeit mit Holzschutzmitteln behandelter Verleimungen
(Einfluß der Holzart, Längsverleimungen aus Kiefer und Fichte)

in Abbildung 8 und 9 keine nennenswerte Änderung der Klimabindefestigkeit τ_{BKL} ergeben hat, ist überraschend, insbesondere wenn man die Harnstoff-Kunstharzverleimung in Betracht zieht, bei der durch frühere Untersuchungen (9) gerade im Fall der Heißleimung, die gegenüber dem Kaltverfahren mit Härtevorstrich eine vollkommenere Kondensationsreaktion ermöglicht, eine besonders hohe Widerstandsfähigkeit der Leimverbindung gegenüber klimatischen Einflüssen nachgewiesen werden konnte. Bei einem Versuch, diesen Widerspruch zu deuten, liegt der Gedanke nahe, daß möglicherweise die Prüfmethodik, d.h. die gleichzeitige Klimatisierung unbehandelter und schutzmittelbehandelter Proben in einem Klimaraum, in der Weise einen Einfluß ausgeübt hat, daß bestimmte Holzschutzmittel mit ausgesprochener, kondensationsfördernder Gasphase, wie sie insbesondere bei dem Mittel 5 auf Basis der Bifluoride besteht, bei den normalen Kaltverleimungen eine Vergütungswirkung ausgeübt haben. Daneben können auch noch eine unterschiedliche Sorptionsfähigkeit der bei den Versuchen angewandten verschiedenen Holzarten (Buche und Kiefer) und verschieden hohe Quellkräfte der hinsichtlich Holzmasse und Anordnung der Holzlagen (Kreuz- und Längsleimung) von einander abweichenden Probekörper mit eine Rolle gespielt haben.

Bei den unter 2 bis 5 getroffenen Feststellungen der Zunahme der Streuungen der Klimabindefestigkeit bei den schutzmittelbehandelten Verleimungen hat man den Eindruck, als ob bei den Phenol- und Harnstoff-Kunstharzleimen und bestimmten Schutzmitteln auf Salzbasis zwei entgegengesetzte Faktoren, nämlich eine Vergütung der Verleimung durch eine unter der Einwirkung der Tränkstoffe stattfindende Nachkondensation der Kunstharze und eine nachteilige Einwirkung der Quellvorgänge im Holz auf die Leimbindung durch Verringerung der spezifischen und mechanischen Haftung sowie des kohäsiven Zusammenhalts der Leimsubstanz eine Rolle spielen.

IV. Zusammenfassende Beurteilung der Versuchsergebnisse und Folgerungen für die Praxis

Die bei den Versuchen gewonnenen Erkenntnisse können in den wichtigsten Punkten wie folgt zusammengefaßt werden:

Bei der <u>nachträglichen Verleimung</u> mit Schutzmitteln behandelter Hölzer muß in bestimmten Fällen mit einem <u>nachteiligen Einfluß</u> der Tränkstoffe auf die Bindefestigkeit gerechnet werden. Bei den durch Kondensation aushärtenden Kunstharzleimen können beispielsweise unter gewohnten Bedingungen der Verarbeitung mit bestimmten Salzen behandelte Hölzer eine Beschleunigung der Härtungsreaktion bewirken, welche die <u>spätere</u> Bindung zwischen Holz und Leim <u>beeinträchtigt</u>. Bei den öligen bzw. ölartigen Mitteln konnten ähnliche Feststellungen getroffen werden, die offensichtlich mit einer Verringerung der Benetzbarkeit des Holzes durch die Tränkbehandlung zusammenhängen. Der Verleimung getränkter Hölzer steht grundsätzlich die Forderung der allgemeinen Leimtechnik entgegen, daß die zu leimende Oberfläche sauber sein muß. Im Bauwesen, wo eine ausreichende Sicherheit unerläßlich ist, dürfte es deshalb ratsam sein von derartigen Verfahren abzusehen, selbst wenn in weiteren Arbeiten die Möglichkeit einer Erhöhung der Leimsicherheit durch eine nachträgliche Oberflächenbehandlung der Leimflächen nachgewiesen werden sollte. Für die schreinermäßige Verarbeitung des Holzes kann unter Umständen von Bedeutung sein, daß im Fall der Verwendung eines Dispersionsleimes aus Polyvinylacetat und eines Kaseinleimes bei den mit Salzen behandelten Hölzern selbst bei starkem Durchtränkungsgrad eine sichere Verleimung möglich war. Es eröffnen sich damit hier Möglichkeiten der Anwendung von Verfahren des Holzschutzes, bei denen Einzelteile getränkt und dann zusammengeleimt werden. Unter Umständen kann dabei eine besonders intensive Schutzwirkung erreicht werden.

Erheblich sicherer als die Verleimung bereits behandelter Hölzer ist eine Schutzbehandlung des Holzes nach der Verleimung. So konnte beispielsweise bei einem Harnstoff-Formaldehyd-Kunstharzleim ohne Bakelit-Pulver-Zusatz, kalt verarbeitet, in orientierenden Untersuchungen an zu Sperrholz verleimten dünnen Buchenfurnieren bei nachträglicher intensiver Tränkbehandlung der Verleimungen mit Schutzmitteln auf Salzbasis eine über der Trockenbindefestigkeit und über der Wasserbindefestigkeit liegende Tränkstoffbindefestigkeit, wie man sie bei der Prüfung der Leimbindefestigkeit im unmittelbar durchtränkten Zustand des Holzes erhält, festgestellt werden. Der Vorgang findet seine Deutung in einer Nachhärtung der im Vorstrichverfahren nur unvollkommen ausgehärteten Leimsubstanz durch die in den Schutzmitteln enthaltenen Salze. Allerdings fand dieses äußerst günstige Ergebnis bei nachfolgenden Versuchen, bei denen die Versuchsbedingungen den praktischen Verhältnissen des Bauwesens enger angepaßt wurden (Verwendung von Kiefern- und Fichtenholz mit stärkeren Querschnittsabmessungen, Längsverleimungen und Verleimung mit einem durch Bakelit-Pulver gestreckten Harnstoff-Kunstharzleim) nicht seine volle Bestätigung. Vielmehr zeigte sich jetzt, daß unter bestimmten Bedingungen damit gerechnet werden muß, daß die Sicherheit der Leimung eine Beeinträchtigung erfährt, solange sich das Holz im durchtränkten Zustand befindet. Es hängt dies mit der Einwirkung des als Lösungsmittel verwandten Wassers zusammen, welches das Holz zum Quellen bringt und die Bindekräfte zwischen Holzfaser und Leim herabsetzt. Der gleiche Vorgang kann wirksam werden, wenn beispielsweise auf eine nicht abgedeckte, geleimte Dachkonstruktion Regen einwirkt. Prüftechnisch werden diese beiden Einflußfaktoren durch die

Bestimmung der Tränkstoff- bzw. Wasserbindefestigkeit der Verleimung erfaßt. Das Ausmaß der Beeinträchtigung der Leimsicherheit durch die Schutzbehandlung mit Salzen (Tauchtränkung) geht aus Abbildung 5 hervor (Bindefestigkeit im durchtränkten Zustand im Mittel etwa 60 kg/cm^2 gegenüber einer Trockenbindefestigkeit von 80 bis 90 kg/cm^2; Minimalwerte der Tränkstoffbindefestigkeit 45 kg/cm^2). Nach dem Ergebnis von Abbildung 6 kann damit gerechnet werden, daß die unmittelbar durch die Tränkungsbehandlung hervorgerufene Beeinträchtigung der Leimung, da die Einflüsse nicht chemischer, sondern mechanischer Natur sind, nach Austrocknung der schutzbehandelten Hölzer rückläufig ist und die Festigkeit der Leimung wieder ansteigt, solange die Quellkräfte noch nicht ein Ausmaß erreichen, das zu einer unmittelbaren Trennung der Verbindung führte.

Wesentlich günstiger liegen die Verhältnisse in dieser Hinsicht offensichtlich bei den ölartigen und öligen Mitteln, die geringere Quellung des Holzes zur Folge haben und durch eine Art Plastifizierung des Holzes den Ausgleich von Spannungskonzentrationen in den Leimflächen ermöglichen, der sich in einer Vergütung der Leimverbindung auswirkt. So konnte bei den durchgeführten Versuchen bei der Behandlung der Verleimungen mit Ölen selbst in unmittelbar durchtränktem Zustand in keinem Fall eine nennenswerte Beeinträchtigung der Leimbindefestigkeit festgestellt werden (Abb. 5, Mittel 7 und 8).

Untersuchungen über die Klimabindefestigkeit, d.h. die Wiederstandsfähigkeit der Verleimungen gegenüber einer längeren klimatischen Wechselbeanspruchung, in dem vorliegenden Fall durch feuchte und trockene Wärme, nach erfolgter Behandlung mit den verschiedenen Schutzmitteln zeigten, daß bei bestimmten Kombinationen der Verleimungs- und Tränkungsart durch die Tränkungsbehandlung mit einer Erhöhung der Unsicherheit der Leimung gerechnet werden muß.

Auch unter den verschärften Bedingungen der klimatischen Wechselbeanspruchung war unabhängig von der Holzart (Kiefer und Fichte) und anderen Varianten der Verleimungstechnik, wie z.B. dem Alter der Leimverbindung, die Resorzin-Formaldehyd-Kunstharzleimung der Harnstoff-Formaldehyd-Kunstharzleimung überlegen.

Soweit aus den angestellten Versuchen geschlossen werden kann, bestehen keine stärkeren Bedenken, eine nachträgliche Holzschutzmittelbehandlung mit öligen und ölartigen Mitteln, wie sie bei den Versuchen angewandt wurden, unabhängig von der Leim- und Holzart vorzunehmen, vorausgesetzt, daß die Verleimung ordnungsgemäß durchgeführt wurde und die Kondensationsreaktion der Leimung bereits soweit abgeschlossen war, daß sie im Augenblick der Schutzbehandlung ausreichende chemische Widerstandsfähigkeit besaß.

Nicht ganz so einfach liegen die Verhältnisse bei der Anwendung von Schutzmitteln auf Salzbasis. Hier dürfte es ratsam sein, bereits beim konstruktiven Entwurf der Bauteile zu berücksichtigen, daß die Festigkeit der Leimung im Falle einer intensiven Tränkungsbehandlung mit den in Wasser gelösten Mitteln, die zur Erreichung einer ausreichenden Schutzwirkung angestrebt werden muß, eine wenn auch nur vorübergehende Beeinträchtigung erfahren kann. Zwar war diese bei den angestellten laboratoriumsmäßigen Versuchen nicht sehr hoch, doch steht noch keinesfalls fest, ob nicht die Gefahr in der Praxis durch konstruktionsbedingte Einflüsse (z.B. fehlende Ausgleichsmöglichkeit der Quellspannungen in den verhältnismäßig starren Strebenkonstruktionen, stärkere Querschnitte und damit höhere Quellkräfte, Erhöhung der Quellkräfte durch Kreuzverleimung) noch wesentlich gesteigert werden kann.

Eine umfassende Beurteilung der Anwendbarkeit der verschiedenen Kombinationen von Verleimungs- und Holzschutzverfahren unter Berücksichtigung der Widerstandsfähigkeit der derartig behandelten Holzverbindungen gegenüber klimatischen Wechseleinflüssen, wie sie nach neueren Erkenntnissen für die Beurteilung der Sicherheit von Leimverbindungen insbesondere bei Kunstharzleimen ausschlaggebend ist, war auf Grund der durchgeführten Versuche, bei denen zur Erzielung eines tragbaren Zeitaufwandes die Klimatisierung der verschiedenen Prüfkörper in einem Klimaraum vorgenommen wurde, nicht möglich, da hierbei offensichtlich eine gegenseitige Beeinflußung der Versuchsergebnisse stattgefunden hatte. So konnte nur in Einzelfällen, z.B. bei dem Mittel 5 auf Grund von Kontrolleinzelversuchen der sichere Eindruck gewonnen werden, daß die Anwendung einer derartigen Schutzbehandlung bei der Harnstoff-Kunstharzverleimung, insbesondere bei Kiefernholz, bedenklich, im Fall der Resorzin-Kunstharzverleimung dagegen unabhängig von der Holzart (Kiefer und Fichte) trotz des ausgesprochen sauren Charakters des Mittels erfolgversprechend erscheint.

Die Untersuchungen, bei denen in bestimmten Fällen eine gegenseitige Wechselwirkung zwischen Schutzbehandlung und Holzverleimung einwandfrei nachgewiesen werden konnte, unterstreichen die Bedeutung, vor Zulassung der Bauweisen eine Kontrolle der Verträglichkeit der verschiedenen Mittel, insbesondere bei den Salzen, vorzunehmen. Die bei dieser Arbeit angewandten Untersuchungsmethoden können dabei als ungefähre Richtlinien für die Aufstellung eines entsprechenden Prüfplanes dienen. Doch sollte man bei der Vielzahl der möglichen Einflußfaktoren durch ergänzende praktische Versuche am fertigen Objekt zusätzlich zu klären suchen, ob und inwieweit die Erkenntnisse der im Laboratorium durchgeführten Versuche tatsächlich auf die praktischen Verhältnisse übertragen werden können. Unabhängig davon ist denkbar, daß man durch verarbeitungstechnische Maßnahmen eine unmittelbare Einwirkung des Tränkstoffes auf die Leimung zu verhindern sucht und damit eine Gefährdung von vorneherein ausschließt.

Verschiedene Punkte, die in der Praxis unter Umständen zusätzlich von Einfluß sein können, wurden durch die Untersuchungen dieser Arbeit noch nicht erfaßt und sollten deshalb zweckmäßigerweise nachträglich überprüft werden. So erstreckte sich die Kontrolle der Wechselwirkung zwischen Holzschutzbehandlung und Verleimung bei den bisherigen Versuchen auf hinreichend ausgehärtete und damit chemisch widerstandsfähige Verleimungen. In der Praxis kann demgegenüber der Fall eintreten, daß die Schutzbehandlung kurz nach der Verleimung, also an frischen Verbindungen vorgenommen wird. Es wäre daher wichtig, das Verhalten derartig junger Leimverbindungen unter der Einwirkung einer nachträglichen Schutzbehandlung grundsätzlich zu klären.

Auch im Ausland hat das zur Diskussion gestellte Problem in den letzten Jahren stärkere Beachtung gefunden (9) (11) (12) (13) (14) (15) (16). Doch sind diese Unterlagen, wenn von einigen allgemeinen Gesichtspunkten abgesehen wird, für uns von geringerem praktischem Interesse, da sich die im Ausland, insbesondere in den Vereinigten Staaten von Amerika entwickelten Holzschutzmittel hinsichtlich der Rohstoffgrundlage von den bei uns üblichen Mitteln durchweg unterscheiden.

Oberregierungsrat Dr.-Ing. Wilhelm KÜCH, Dortmund

V. Literaturverzeichnis

(1) EGNER, K. — Kunstharzleimung im Dienst der Bauholzeinsparung. Z. Bauen und Wohnen J. 1946, H. 1. S. 96/111

(2) KLINE, G.M., F.W. REINHARDT, R.C. RINGER und U.T. LOLLIS — Modern Plastics. BD. 24, Nr. 11 (Juli 1947) S. 123/128 und 196/2o2

(3) DELMONTE, P. — The technology of adhesives. Reinhold Publishing Corporation. 33o West 42 nd St. New York 18, USA 1947, S. 43

(4) PLATH, E. — Die Holzverleimung. Wissenschaftliche Verlagsgesellschaft m.b.H., Stuttgart, 1951, S. 147/148

(5) EGNER, K. — Einige technologische Fragen der Leimung tragender Holzbauteile. Holz-Zentralblatt Nr. 1o1 und 1o2/1952

(6) — DIN-Entwürfe 53 251 bis 53 256. Prüfung von Holzleimen. Ausgaben Jan. 195o

(7) KÜCH, W. — Forschungsbericht Nr. 1o6 des Wirtschafts- und Verkehrsministeriums Nordrhein-Westfalen. Untersuchungen über die Einwirkung von feuchtigkeitsgesättigter Luft auf die Festigkeit von Leimverbindungen. Westdeutscher Verlag, Köln und Opladen

(8) KÜCH, W. — Ermittlungen der Verwendungsdauer von Kunstharzleimen durch Viskositätsmessungen. Z. Kunststoffe J. 38 (1948) S. 95/98

(9) SELBO, M.L. — Summary of information on gluing of treated wood. 195o. United States Department of agriculture. Forest service. Forest Products Laboratory. Madison 5. Wisconsin. In Cooperation with the University of Wisconsin Nr. R. 1789

(1o) KOLLMANN, F. — Technologie des Holzes und der Holzwerkstoffe. 2. Auflage. 1. Band, Springer-Verlag, Berlin, Göttingen, Heidelberg, 1951

(11) BLEW, J.O. und W.Z. OLSON — The durability of birch plywood treated with wood preservatives and fire- retarding chemicals. Forest Products Laboratory. Forest service, U.S. Department of agriculture. American Wood-Preservers' Association 1950

(12) BLEW, J.O. — The effects of treatment with wood preservatives and fire - retarding chemicals on the glue joints in birch plywood. Proceedings A.W.P.A. 1946. pp. 364-385

(13) BLACK, J.M. — The effect of fire - retardant chemicals on glues used in plywood mannfacture. United States Department of agriculture. Forest service. Forest Products Laboratory. Madison 5. Wisconsin. In cooperation with the University of Wisconsin. Nr. R 1427, August 1952

(14) KAUFERT, F.H. u. W.F. HUTCHINS — Experiments on the gluing of wood treated with oil solutions of chlorophenols. United States Department of agriculture. Forest service. Forest Products Laboratory. Madison, Wisconsin. In cooperation with the University of Wisconsin. Nr. R 1484 May 1945

(15) SORA, B. — Der Einfluß einiger Holzschutzmittel auf das Leimen. Papari ja Pun, Papper och trä 34/1952, H 2, S. 28-30, ref. Werkstoffe u. Korrosion 4 (1953) H. 11, S. 425

(16) LINDSLEY — Report of special committee on preservative and fire - retarding treatments of laminated members (plywood and glued up fabrication) Proc. A.W.P.A. 42/1946, S. 358 ff.

FORSCHUNGSBERICHTE
DES WIRTSCHAFTS- UND VERKEHRSMINISTERIUMS
NORDRHEIN-WESTFALEN

Herausgegeben von Staatssekretär Prof. Leo Brandt

HEFT 1
Prof. Dr.-Ing. E. Flegler, Aachen
Untersuchungen oxydischer Ferromagnet-Werkstoffe
1952, 20 Seiten, DM 6,75

HEFT 2
Prof. Dr. W. Fuchs, Aachen
Untersuchungen über absatzfreie Teeröle
1952, 32 Seiten, 5 Abb., 6 Tabellen, DM 10,—

HEFT 3
Techn.-Wissenschaftl. Büro für die Bastfaserindustrie, Bielefeld
Untersuchungsarbeiten zur Verbesserung des Leinenwebstuhls
1952, 44 Seiten, 7 Abb., 3 Tabellen, DM 12,50

HEFT 4
Prof. Dr. E. A. Müller und Dipl.-Ing. H. Spitzer, Dortmund
Untersuchungen über die Hitzebelastung in Hüttebetrieben
1952, 28 Seiten, 5 Abb., 1 Tabelle, DM 9,—

HEFT 5
Dipl.-Ing. W. Fister, Aachen
Prüfstand der Turbinenuntersuchungen
1952, 40 Seiten, 30 Abb., 3 Schaltbilder, DM 1,—

HEFT 6
Prof. Dr. W. Fuchs, Aachen
Untersuchungen über die Zusammensetzung und Verwendbarkeit von Schwelteerfraktionen
1952, 36 Seiten, DM 10.50

HEFT 7
Prof. Dr. W. Fuchs, Aachen
Untersuchungen über emsländisches Petrolatum
1952, 36 Seiten, 1 Abb., 17 Tabellen, DM 10,50

HEFT 8
M. Meffert und H. Stratmann, Essen
Algen-Großkulturen im Sommer 1951
1953, 52 Seiten, 4 Abb., 20 Tabellen, DM 9,75

HEFT 9
Techn.-Wissenschaftl. Büro für die Bastfaserindustrie, Bielefeld
Untersuchungen über die zweckmäßige Wicklungsart auf Leinengarnkreuzspulen unter Berücksichtigung der Anwendung hoher Geschwindigkeiten des Garnes
Vorversuche für Zetteln und Schären von Leinengarnen auf Hochleistungsmaschinen
1952, 48 Seiten, 7 Abb., 7 Tabellen, DM 9,25

HEFT 10
Prof. Dr. W. Vogel, Köln
„Das Streifenpaar" als neues System zur mechanischen Vergrößerung kleiner Verschiebungen und seine technischen Anwendungsmöglichkeiten
1953, 20 Seiten, 6 Abb., DM 4,50

HEFT 11
Laboratorium für Werkzeugmaschinen und Betriebslehre, Technische Hochschule Aachen
1. Untersuchungen über Metallbearbeitung im Fräsvorgang mit Hartmetallwerkzeugen und negativem Spanwinkel
2. Weiterentwicklung des Schleifverfahrens für die Herstellung von Präzisionswerkstücken unter Vermeidung hoher Temperaturen
3. Untersuchung von Oberflächenveredlungsverfahren zur Steigerung der Belastbarkeit hochbeanspruchter Bauteile
1953, 80 Seiten, 61 Abb., DM 15,75

HEFT 12
Elektrowärme-Institut, Langenberg (Rhld.)
Induktive Erwärmung mit Netzfrequenz
1952, 22 Seiten 6 Abb., DM 5,20

HEFT 13
Techn.-Wissenschaftl. Büro für die Bastfaserindustrie, Bielefeld
Das Naßspinnen von Bastfasergarnen mit chemischen Zusätzen zum Spinnbad
1953, 52 Seiten, 4 Abb., 19 Tabellen, DM 10,—

HEFT 14
Forschungsstelle für Acetylen, Dortmund
Untersuchungen über Aceton als Lösungsmittel für Acetylen
1952, 64 Seiten, 10 Abb., 26 Tabellen, DM 12,25

HEFT 15
Wäschereiforschung Krefeld
Trocknen von Wäschestoffen
1953, 48 Seiten, 14 Abb., 2 Tabellen, DM 9,—

HEFT 16
Max-Planck-Institut für Kohlenforschung, Mülheim a. d. Ruhr
Arbeiten des MPI für Kohlenforschung
1953, 104 Seiten, 9 Abb., DM 17,80

HEFT 17
Ingenieurbüro Herbert Stein, M.-Gladbach
Untersuchung der Verzugsvorgänge in den Streckwerken verschiedener Spinnereimaschinen. 1. Bericht: Vergleichende Prüfung mit verschiedenen Dickenmeßgeräten
1952, 36 Seiten, 15 Abb., DM 8,—

HEFT 18
Wäschereiforschung Krefeld
Grundlagen zur Erfassung der chemischen Schädigung beim Waschen
1953, 68 Seiten, 15 Abb., 15 Tabellen, DM 12,75

HEFT 19
Techn.-Wissenschaftl. Büro für die Bastfaserindustrie, Bielefeld
Die Auswirkung des Schlichtens von Leinengarnketten auf den Verarbeitungswirkungsgrad, sowie die Festigkeit und Dehnungsverhältnisse der Garne und Gewebe
1953, 48 Seiten, 1 Abb., 9 Tabellen, DM 9,—

HEFT 20
Techn.-Wissenschaftl. Büro für die Bastfaserindustrie, Bielefeld
Trocknung von Leinengarnen I
Vorgang und Einwirkung auf die Garnqualität
1953, 62 Seiten, 18 Abb., 5 Tabellen, DM 12,—

HEFT 21
Techn.-Wissenschaftl. Büro für die Bastfaserindustrie, Bielefeld
Trocknung von Leinengarnen II
Spulenanordnung und Luftführung beim Trocknen von Kreuzspulen
1953, 66 Seiten, 22 Abb., 9 Tabellen, DM 13,—

HEFT 22
Techn.-Wissenschaftl. Büro für die Bastfaserindustrie, Bielefeld
Die Reparaturfähigkeit von Webstühlen
1953, 28 Seiten, 7 Abb., 5 Tabellen, DM 5,80

HEFT 23
Institut für Starkstromtechnik, Aachen
Rechnerische und experimentelle Untersuchungen zur Kenntnis der Metadyne als Umformer von konstanter Spannung auf konstanten Strom
1953, 52 Seiten, 20 Abb., 4 Tafeln, DM 9,75

HEFT 24
Institut für Starkstromtechnik, Aachen
Vergleich verschiedener Generator-Metadyne-Schaltungen in bezug auf statisches Verhalten
1952, 44 Seiten, 23 Abb., DM 8,50

HEFT 25
Gesellschaft für Kohlentechnik mbH., Dortmund-Eving
Struktur der Steinkohlen und Steinkohlen-Kokse
1953, 58 Seiten, DM 11,—

HEFT 26
Techn.-Wissenschaftl. Büro für die Bastfaserindustrie, Bielefeld
Vergleichende Untersuchungen zweier neuzeitlicher Ungleichmäßigkeitsprüfer für Bänder und Garne hinsichtlich ihrer Eignung für die Bastfaserspinnerei
1953, 64 Seiten, 30 Abb., DM 12,50

HEFT 27
Prof. Dr. E. Schratz, Münster
Untersuchungen zur Rentabilität des Arzneipflanzenanbaues Römische Kamille, Anthemis nobilis L.
1953, 16 Seiten, 1 Tabelle, DM 3,60

HEFT 28
Prof. Dr. E. Schratz, Münster
Calendula officinalis L. Studien zur Ernährung, Blütenfüllung und Rentabilität der Drogengewinnung
1953, 24 Seiten, 2 Abb., 3 Tabellen, DM 5,20

HEFT 29
Techn.-Wissenschaftl. Büro für die Bastfaserindustrie, Bielefeld
Die Ausnützung der Leinengarne in Geweben
1953, 100 Seiten, 14 Abb., 10 Tabellen, DM 17,80

HEFT 30
Gesellschaft für Kohlentechnik mbH., Dortmund-Eving
Kombinierte Entaschung und Verschwelung von Steinkohle, bzw. Steinkohlenschlämmen zu verkokbarer oder verschwelbarer Kohle
1953, 56 Seiten, 16 Abb., 10 Tabellen, DM 10,50

HEFT 31
Dipl.-Ing. A. Stormanns, Essen
Messung des Leistungsbedarfs von Doppelsteg-Kettenförderern
1954, 54 Seiten, 18 Abb., 3 Anlagen, DM 11,—

HEFT 32
Techn.-Wissenschaftl. Büro für die Bastfaserindustrie, Bielefeld
Der Einfluß der Natriumchloridbleiche auf Qualität und Verwebbarkeit von Leinengarnen und die Eigenschaften der Leinengewebe unter besonderer Berücksichtigung des Einsatzes von Schützen- und Spulenwechselautomaten in der Leinenweberei
1953, 64 Seiten, 2 Abb., 12 Tabellen, DM 11,50

HEFT 33
Kohlenstoffbiologische Forschungsstation e. V.
Eine Methode zur Bestimmung von Schwefeldioxyd und Schwefelwasserstoff in Rauchgasen und in der Atmosphäre
1953, 32 Seiten, 8 Abb., 3 Tabellen, DM 6.50

HEFT 34
Textilforschungsanstalt Krefeld
Quellungs- und Entquellungsvorgänge bei Faserstoffen
1953, 52 Seiten, 13 Abb., 13 Tabellen, DM 9,80

WESTDEUTSCHER VERLAG · KÖLN UND OPLADEN

HEFT 35
Professor Dr. W. Kast, Krefeld
Feinstrukturuntersuchungen an künstlichen Zellulosefasern verschiedener Herstellungsverfahren.
Teil 1: Der Orientierungszustand
1953, 74 Seiten, 30 Abb., 7 Tabellen, DM 13,80

HEFT 36
Forschungsinstitut der feuerfesten Industrie, Bonn
Untersuchungen über die Trocknung von Rohton
Untersuchungen über die chemische Reinigung von Silika- und Schamotte-Rohstoffen mit chlorhaltigen Gasen
1953, 60 Seiten, 5 Abb., 5 Tabellen, DM 11,—

HEFT 37
Forschungsinstitut der feuerfesten Industrie, Bonn
Untersuchungen über den Einfluß der Probenvorbereitung auf die Kaltdruckfestigkeit feuerfester Steine
1953, 40 Seiten, 2 Abb., 5 Tabellen, DM 7,80

HEFT 38
Forschungsstelle für Acetylen, Dortmund
Untersuchungen über die Trocknung von Acetylen zur Herstellung von Dissousgas
1953, 36 Seiten, 11 Abb., 3 Tabellen, DM 6,80

HEFT 39
Forschungsgesellschaft Blechverarbeitung e. V., Düsseldorf
Untersuchungen an prägegemusterten und vorgelochten Blechen
1953, 46 Seiten, 34 Abb., DM 9,50

HEFT 40
Landesgeologe Dr.-Ing. W. Wolff, Amt für Bodenforschung, Krefeld
Untersuchungen über die Anwendbarkeit geophysikalischer Verfahren zur Untersuchung von Spateisengängen im Siegerland
1953, 46 Seiten, 8 Abb., DM 8,80

HEFT 41
Techn.-Wissenschaftl. Büro für die Bastfaserindustrie, Bielefeld
Untersuchungsarbeiten zur Verbesserung des Leinenwebstuhles II
1953, 40 Seiten, 4 Abb., 5 Tabellen, DM 7,80

HEFT 42
Professor Dr. B. Helferich, Bonn
Untersuchungen über Wirkstoffe — Fermente — in der Kartoffel und die Möglichkeit ihrer Verwendung
1953, 58 Seiten, 9 Abb., DM 11,—

HEFT 43
Forschungsgesellschaft Blechverarbeitung e. V., Düsseldorf
Forschungsergebnisse über das Beizen von Blechen
1953, 48 Seiten, 38 Abb., 2 Tabellen, DM 11,30

HEFT 44
Arbeitsgemeinschaft für praktische Dehnungsmessung, Düsseldorf
Eigenschaften und Anwendungen von Dehnungsmeßstreifen
1953, 68 Seiten, 43 Abb., 2 Tabellen, DM 13,70

HEFT 45
Losenhausenwerk Düsseldorfer Maschinenbau AG., Düsseldorf
Untersuchungen von störenden Einflüssen auf die Lastgrenzenanzeige von Dauerschwingprüfmaschinen
1953, 36 Seiten, 11 Abb., 3 Tabellen, DM 7,25

HEFT 46
Prof. Dr. W. Fuchs, Aachen
Untersuchungen über die Aufbereitung von Wasser für die Dampferzeugung in Benson-Kesseln
1953, 58 Seiten, 18 Abb., 9 Tabellen, DM 11,20

HEFT 47
Prof. Dr.-Ing. K. Krekeler, Aachen
Versuche über die Anwendung der induktiven Erwärmung zum Sintern von hochschmelzenden Metallen sowie zur Anlegierung und Vergütung von aufgespritzten Metallschichten mit dem Grundwerkstoff
1954, 66 Seiten, 39 Abb., DM 13,90

HEFT 48
Max-Planck-Institut für Eisenforschung, Düsseldorf
Spektrochemische Analyse der Gefügebestandteile in Stählen nach ihrer Isolierung
1953, 38 Seiten, 8 Abb., 5 Tabellen, DM 7,80

HEFT 49
Max-Planck-Institut für Eisenforschung, Düsseldorf
Untersuchungen über Ablauf der Desoxydation und die Bildung von Einschlüssen in Stählen
1953, 52 Seiten, 19 Abb., 3 Tabellen, DM 12,40

HEFT 50
Max-Planck-Institut für Eisenforschung, Düsseldorf
Flammenspektralanalytische Untersuchung der Ferritzusammensetzung in Stählen
1953, 44 Seiten, 15 Abb., 4 Tabellen, DM 8,60

HEFT 51
Verein zur Förderung von Forschungs- und Entwicklungsarbeiten in der Werkzeugindustrie e. V., Remscheid
Untersuchungen an Kreissägeblättern für Holz, Fehler- und Spannungsprüfverfahren
1953, 50 Seiten, 23 Abb., DM 10,—

HEFT 52
Forschungsstelle für Acetylen, Dortmund
Untersuchungen über den Umsatz bei der explosiblen Zersetzung von Azetylen
a) Zersetzung von gasförmigem Azetylen
b) Zersetzung von an Silikagel adsorbiertem Azetylen
1954, 48 Seiten, 8 Abb., 10 Tabellen, DM 9,25

HEFT 53
Professor Dr.-Ing. H. Opitz, Aachen
Reibwert und Verschleißmessungen an Kunststoffgleitführungen für Werkzeugmaschinen
1954, 38 Seiten, 18 Abb., DM 8,20

HEFT 54
Professor Dr.-Ing. F. A. F. Schmidt, Aachen
Schaffung von Grundlagen für die Erhöhung der spez. Leistung und Herabsetzung des spez. Brennstoffverbrauches bei Ottomotoren mit Teilbericht über Arbeiten an einem neuen Einspritzverfahren
1954, 34 Seiten, 15 Abb., DM 7,40

HEFT 55
Forschungsgesellschaft Blechverarbeitung e. V. Düsseldorf
Chemisches Glänzen von Messing und Neusilber
1954, 50 Seiten, 21 Abb., 1 Tabelle, DM 10,20

HEFT 56
Forschungsgesellschaft Blechverarbeitung e. V., Düsseldorf
Untersuchungen über einige Probleme der Behandlung von Blechoberflächen
1954, 52 Seiten, 42 Abb., DM 11,20

HEFT 57
Prof. Dr.-Ing. F. A. F. Schmidt, Aachen
Untersuchungen zur Erforschung des Einflusses des chemischen Aufbaues des Kraftstoffes auf sein Verhalten im Motor und in Brennkammern von Gasturbinen
1954, 70 Seiten, 32 Abb., DM 14,60

HEFT 58
Gesellschaft für Kohlentechnik mbH., Dortmund
Herstellung und Untersuchung von Steinkohlenschwelteer
1954, 74 Seiten, 9 Abb., 9 Tabellen, DM 13,75

HEFT 59
Forschungsinstitut der Feuerfest-Industrie e. V., Bonn
Ein Schnellanalysenverfahren zur Bestimmung von Aluminiumoxyd, Eisenoxyd und Titanoxyd in feuerfestem Material mittels organischer Farbreagenzien auf photometrischem Wege
Untersuchungen des Alkali-Gehaltes feuerfester Stoffe mit dem Flammenphotometer nach Riehm-Lange
1954, 62 Seiten, 12 Abb., 3 Tabellen, DM 11,60

HEFT 60
Forschungsgesellschaft Blechverarbeitung e. V., Düsseldorf
Untersuchungen über das Spritzlackieren im elektrostatischen Hochspannungsfeld
1954, 82 Seiten, 53 Abb., 7 Tabellen, DM 17,—

HEFT 61
Verein zur Förderung von Forschungs- und Entwicklungsarbeiten in der Werkzeugindustrie e. V., Remscheid
Schwingungs- und Arbeitsverhalten von Kreissägeblättern für Holz
1954, 54 Seiten, 31 Abb., DM 11,40

HEFT 62
Professor Dr. W. Franz, Institut für theoretische Physik der Universität Münster
Berechnung des elektrischen Durchschlags durch feste und flüssige Isolatoren
1954, 36 Seiten, DM 7,—

HEFT 63
Textilforschungsanstalt Krefeld
Neue Methoden zur Untersuchung der Wirkungsweise von Textilhilfsmitteln
Untersuchungen über Schlichtungs- und Entschlichtungsvorgänge
1954, 34 Seiten, 1 Abb., 5 Tabellen, DM 6,80

HEFT 64
Textilforschungsanstalt Krefeld
Die Kettenlängenverteilung von hochpolymeren Faserstoffen
Über die fraktionierte Fällung von Polyamiden
1954, 44 Seiten, 13 Abb., DM 8,60

HEFT 65
Fachverband Schneidwarenindustrie, Solingen
Untersuchungen über das elektrolytische Polieren von Tafelmesserklingen aus rostfreiem Stahl
1954, 90 Seiten, 38 Abb., 9 Tabellen, DM 17,35

HEFT 66
Dr.-Ing. P. Füsgen VDI †, Düsseldorf
Untersuchungen über das Auftreten des Ratterns bei selbsthemmenden Schneckengetrieben und seine Verhütung
1954, 32 Seiten, 5 Abb., DM 6,60

HEFT 67
Heinrich Wösthoff o. H. G., Apparatebau, Bochum
Entwicklung einer chemisch-physikalischen Apparatur zur Bestimmung kleinster Kohlenoxyd-Konzentrationen
1954, 94 Seiten, 48 Abb., 2 Tabellen, DM 18,25

HEFT 68
Kohlenstoffbiologische Forschungsstation e. V., Essen
Algengroßkulturen im Sommer 1952
II. Über die unsterile Großkultur von Scenedesmus obliquus
1954, 62 Seiten, 3 Abb., 29 Tabellen, DM 11,40

HEFT 69
Wäschereiforschung Krefeld
Bestimmung des Faserabbaues bei Leinen unter besonderer Berücksichtigung der Leinengarnbleiche
1954, 48 Seiten, 15 Abb., 3 Tabellen, DM 9,60

HEFT 70
Wäschereiforschung Krefeld
Trocknen von Wäschestoffen
1954, 52 Seiten, 18 Abb., 3 Tabellen, DM 10,—

HEFT 71
Prof. Dr.-Ing. K. Leist, Aachen
Kleingasturbinen, insbesondere zum Fahrzeugantrieb
1954, 114 Seiten, 85 Abb., DM 22,—

HEFT 72
Prof. Dr.-Ing. K. Leist, Aachen
Beitrag zur Untersuchung von stehenden geraden Turbinengittern mit Hilfe von Druckverteilungsmessungen
1954, 152 Seiten, 111 Abb., DM 36,20

HEFT 73
Prof. Dr.-Ing. K. Leist, Aachen
Spannungsoptische Untersuchungen von Turbinenschaufelfüßen
1954, 66 Seiten, 46 Abb., 2 Tabellen, DM 14,60

HEFT 74
Max-Planck-Institut für Eisenforschung, Düsseldorf
Versuche zur Klärung des Umwandlungsverhaltens eines sonderkarbidbildenden Chromstahls
1954, 58 Seiten, 10 Abb., DM 14,—

HEFT 75
Max-Planck-Institut für Eisenforschung, Düsseldorf
Zeit-Temperatur-Umwandlungs-Schaubilder als Grundlage der Wärmebehandlung der Stähle
1954, 44 Seiten, 13 Abb., DM 8,70

HEFT 76
Max-Planck-Institut für Arbeitsphysiologie, Dortmund
Arbeitstechnische und arbeitsphysiologische Rationalisierung von Mauersteinen
1954, 52 Seiten, 12 Abb., 3 Tabellen, DM 10,20

HEFT 77
Meteor Apparatebau Paul Schmeck GmbH., Siegen
Entwicklung von Leuchtstoffröhren hoher Leistung
1954, 46 Seiten, 12 Abb., 2 Tabellen, DM 9,15

HEFT 78
Forschungsstelle für Acetylen, Dortmund
Über die Zustandsgleichung des gasförmigen Acetylens und das Gleichgewicht Acetylen — Aceton
1954, 42 Seiten, 3 Abb., 8 Tabellen, DM 8,—

HEFT 79
Techn.-Wissenschaftl. Büro für die Bastfaserindustrie, Bielefeld
Trocknung von Leinengarnen III
Spinnspulen- und Spinnkopstrocknung
Vorgang und Einwirkung auf die Garnqualität
1954, 74 Seiten, 18 Abb., 10 Tabellen, DM 14,—

WESTDEUTSCHER VERLAG · KÖLN UND OPLADEN

HEFT 80
*Techn.-Wissenschaftl. Büro für die Bastfaser-
industrie, Bielefeld*
Die Verarbeitung von Leinengarn auf Webstühlen
mit und ohne Oberbau
1954, 30 Seiten, 2 Abb., 2 Tabellen, DM 6,—

HEFT 81
*Prüf- und Forschungsinstitut für Ziegelei-
erzeugnisse, Essen-Kray*
Die Einführung des großformatigen Einheits-
Gitterziegels im Lande Nordrhein-Westfalen
1954, 54 Seiten, 2 Abb., 2 Tabellen, DM 10,—

HEFT 82
Vereinigte Aluminium-Werke AG., Bonn
Forschungsarbeiten auf dem Gebiet der Veredelung
von Aluminium-Oberflächen
1954, 46 Seiten, 34 Abb., DM 9,60

HEFT 83
Prof. Dr. S. Strugger, Münster
Über die Struktur der Proplastiden
1954, 30 Seiten, 15 Abb., DM 8,40

HEFT 84
Dr. H. Baron, Düsseldorf
Über Standardisierung von Wundtextilien
1954, 32 Seiten, DM 6,40

HEFT 85
Textilforschungsanstalt Krefeld
Physikalische Untersuchungen an Fasern, Fäden,
Garnen und Geweben:
Untersuchungen am Knickscheuergerät nach Weltzien
1954, 40 Seiten, 11 Abb., 8 Tabellen, DM 10,—

HEFT 86
Prof. Dr.-Ing. H. Opitz, Aachen
Untersuchungen über das Fräsen von Baustahl sowie
über den Einfluß des Gefüges auf die Zerspanbarkeit
1954, 108 Seiten, 73 Abb., 7 Tabellen, DM 22,—

HEFT 87
Gemeinschaftsausschuß Verzinken, Düsseldorf
Untersuchungen über Güte von Verzinkungen
1954, 68 Seiten, 56 Abb., 3 Tabellen, DM 15,30

HEFT 88
*Gesellschaft für Kohlentechnik mbH.,
Dortmund-Eving*
Oxydation von Steinkohle mit Salpetersäure
1954, 62 Seiten, 2 Abb., 1 Tabelle, DM 11,50

HEFT 89
*Verein Deutscher Ingenieure, Gleitlagerforschung,
Düsseldorf
und Prof. Dr.-Ing. G. Vogelpohl, Göttingen*
Versuche mit Preßstoff-Lagern für Walzwerke
1954, 70 Seiten, 34 Abb., DM 14,10

HEFT 90
Forschungs-Institut der Feuerfest-Industrie, Bonn
Das Verhalten von Silikasteinen im Siemens-
Martin-Ofengewölbe
1954, 62 Seiten, 15 Abb., 11 Tabellen, DM 11,90

HEFT 91
Forschungs-Institut der Feuerfest-Industrie, Bonn
Untersuchungen des Zusammenhangs zwischen Lei-
stung und Kohlenverbrauch von Kammeröfen zum
Brennen von feuerfesten Materialien
1954, 42 Seiten, 6 Abb., DM 8,30

HEFT 92
*Techn.-Wissenschaftl. Büro für die Bastfaser-
industrie, Bielefeld
und Laboratorium für textile Meßtechnik,
M.-Gladbach*
Messungen von Vorgängen am Webstuhl
1954, 76 Seiten, 45 Abb., DM 15,50

HEFT 93
Prof. Dr. W. Kast, Krefeld
Spinnversuche zur Strukturerfassung künstlicher
Zellulosefasern
1954, 82 Seiten, 39 Abb., 6 Tabellen, DM 16,—

HEFT 94
Prof. Dr. G. Winter, Bonn
Die Heilpflanzen des MATTHIOLUS (1611) gegen Infektionen der Harnwege und Verunreinigung
der Wunden bzw. zur Förderung der Wundheilung
im Lichte der Antibiotikaforschung
1954, 58 Seiten, 1 Abb., 2 Tabellen, DM 11,50

HEFT 95
Prof. Dr. G. Winter, Bonn
Untersuchungen über die flüchtigen Antibiotika
aus der Kapuziner- (Tropaeolum maius) und
Gartenkresse (Lepidium sativum) und ihr Ver-
halten im menschlichen Körper bei Aufnahme von
Kapuziner- bzw. Gartenkressensalat per os
1955, 74 Seiten, 9 Abb., 25 Tabellen, DM 14,—

HEFT 96
Dr.-Ing. P. Koch, Dortmund
Austritt von Exoelektronen aus Metalloberflächen
unter Berücksichtigung der Verwendung des Effek-
tes für die Materialprüfung
1954, 34 Seiten, 13 Abb., DM 7,—

HEFT 97
*Ing. H. Stein, Laboratorium für textile Meßtechnik,
M.-Gladbach*
Untersuchung der Verzugsvorgänge an den Streckwerken verschiedener Spinnereimaschinen
2. Bericht: Ermittlung der Haft-Gleiteigenschaften
von Faserbändern und Vorgarnen
1955, 98 Seiten, 54 Abb., DM 21,—

HEFT 98
Fachverband Gesenkschmieden, Hagen
Die Arbeitsgenauigkeit beim Gesenkschmieden unter Hämmern
1955, 132 Seiten, 55 Abb., 9 Tabellen, DM 24,75

HEFT 99
Prof. Dr.-Ing. G. Garbotz, Aachen
Der Kraft- und Arbeitsaufwand sowie die Lei-
stungen beim Biegen von Bewehrungsstählen in
Abhängigkeit von den Abmessungen, den Formen
und der Güte der Stähle (Ermittlung von Lei-
stungsrichtlinien)
*1955, 136 Seiten, 53 Abb., 3 Anlagen,
18 Tabellen, DM 30,—*

HEFT 100
Prof. Dr.-Ing. H. Opitz, Aachen
Untersuchungen von elektrischen Antrieben, Steue-
rungen und Regelungen an Werkzeugmaschinen
1955, 166 Seiten, 71 Abb., 3 Tabellen, DM 31,30

HEFT 101
Prof. Dr.-Ing. H. Opitz, Aachen
Wirtschaftlichkeitsbetrachtungen beim Außenrund-
schleifen
1955, 100 Seiten, 56 Abb., 3 Tabellen, DM 19,30

HEFT 102
*Dr. P. Hölemann, Ing. R. Hasselmann und Ing.
G. Dix, Dortmund*
Untersuchungen über die thermische Zündung von
explosiblen Acetylenzersetzungen in Kapillaren
1954, 44 Seiten, 5 Abb., 4 Tabellen, DM 8,60

HEFT 103
Prof. Dr. W. Weizel, Bonn
Durchführung von experimentellen Untersuchungen
über den zeitlichen Ablauf von Funken in kom-
primierten Edelgasen sowie zu deren mathemati-
schen Berechnung
1955, 46 Seiten, 12 Abb., DM 9,10

HEFT 104
Prof. Dr. W. Weizel, Bonn
Über den Einfluß der Elektroden auf die Eigen-
schaften von Cadmium-Sulfid-Widerstands-
Photozellen
1955, 48 Seiten, 12 Abb., DM 9,45

HEFT 105
Dr.-Ing. R. Meldau, Harsewinkel/Westf.
Auswertung von Gekörn — Analysen des Muster-
staubes „Flugasche Fortuna I"
1955, 42 Seiten, 14 Abb., DM 8,50

HEFT 106
ORR. Dr.-Ing. W. Küch, Dortmund
Untersuchungen über die Einwirkung von feuch-
tigkeitsgesättigter Luft auf die Festigkeit von
Leimverbindungen
1954, 60 Seiten, 10 Abb., 6 Tabellen, DM 11,40

HEFT 107
*Prof. Dr. H. Lange und Dipl.-Phys. P. St. Pütter,
Köln*
Über die Konstruktion von Laboratoriums-
magneten
1955, 66 Seiten, 19 Abb., 1 Tabelle, DM 12,30

HEFT 108
Prof. Dr. W. Fuchs, Aachen
Untersuchungen über neue Beizmethoden und Beiz-
abwässer
I. Die Entzunderung von Drähten mit Natrium-
hydrid
II. Die Aufbereitung von Beizabwässern
*1955, 82 Seiten, 15 Abb., 14 Tabellen,
1 Falttafel, DM 15,25*

HEFT 109
*Dr. P. Hölemann und Ing. R. Hasselmann,
Dortmund*
Untersuchungen über die Löslichkeit von Azetylen
in verschiedenen organischen Lösungsmitteln
1954, 42 Seiten, 10 Abb., 8 Tabellen, DM 8,30

HEFT 110
*Dr. P. Hölemann und Ing. R. Hasselmann,
Dortmund*
Untersuchungen über den Druckverlauf bei der
explosiblen Zersetzung von gasförmigem Azetylen
1955, 54 Seiten, 10 Abb., 5 Tabellen, DM 11,—

HEFT 111
Fachverband Steinzeugindustrie, Köln
Die Entwicklung eines Gerätes zur Beschickung
seitlicher Feuer von Steinzeug-Einzelkammeröfen
mit festen Brennstoffen
1955, 46 Seiten, 16 Abb., DM 9,40

HEFT 112
Prof. Dr.-Ing. H. Opitz, Aachen
Verschleißmessungen beim Drehen mit aktivierten
Hartmetallwerkzeugen
1954, 44 Seiten, 17 Abb., 6 Tabellen, DM 8,80

HEFT 113
Prof. Dr. O. Graf, Dortmund
Erforschung der geistigen Ermüdung und nervösen
Belastung: Studien über die vegetative 24-Stunden-
Rhythmik in Ruhe und unter Belastung
1955, 40 Seiten, 12 Abb., DM 8,20

HEFT 114
Prof. Dr. O. Graf, Dortmund
Studien über Fließarbeitsprobleme an einer praxis-
nahen Experimentieranlage
1954, 34 Seiten, 6 Abb., DM 7,—

HEFT 115
Prof. Dr. O. Graf, Dortmund
Studium über Arbeitspausen in Betrieben bei freier
und zeitgebundener Arbeit (Fließarbeit) und ihre
Auswirkung auf die Leistungsfähigkeit
1955, 50 Seiten, 13 Abb., 2 Tabellen, DM 9,80

HEFT 116
*Prof. Dr.-Ing. E. Siebel und Dr.-Ing. H. Weiss,
Stuttgart*
Untersuchungen an einigen Problemen des Tief-
ziehens — I. Teil
1955, 74 Seiten, 50 Abb., 5 Tabellen, DM 14,50

HEFT 117
*Dr.-Ing. H. Beißwänger, Stuttgart, und Dr.-Ing.
S. Schwandt, Trier*
Untersuchungen an einigen Problemen des Tief-
ziehens — II. Teil
1955, 92 Seiten, 34 Abb., 8 Tabellen, DM 17,70

HEFT 118
*Prof. Dr. E. A. Müller und Dr. H. G. Wenzel,
Dortmund*
Neuartige Klima-Anlage zur Erzeugung ungleicher
Luft- und Strahlungstemperaturen in einem Ver-
suchsraum
1955, 68 Seiten, 10 z. T. mehrfarb. Abb., DM 14,—

HEFT 119
Dr.-Ing. O. Viertel, Krefeld
Wäscherei- und energietechnische Untersuchung
einer Gemeinschafts-Waschanlage
1955, 50 Seiten, 18 Abb., DM 10,20

HEFT 120
Dipl.-Ing. A. Weisbecker, Lüdenscheid
Über Anfressung an Reinstaluminium-Schweißnäh-
ten bei der elektrolytischen Oxydation
Gebr. Hörstermann GmbH., Velbert
Entwicklung und Erprobung eines neuartigen Gum-
mibandförderers
1955, 46 Seiten, 18 Abb., DM 9,70

HEFT 121
Dr. H. Krebs, Bonn
I. Die Struktur und die Eigenschaften der Halb-
metalle
II. Die Bestimmung der Atomverteilung in amor-
phen Substanzen
III. Die chemische Bindung in anorganischen Festkörpern und das Entstehen metallischer Eigenschaften
1955, 124 Seiten, 36 Abb., 13 Tabellen, DM 22,90

HEFT 122
Prof. Dr. W. Fuchs, Aachen
Untersuchungen zur Verbesserung der Wasser-
aufbereitung und Wasseranalyse:
Über die Schnellbewertung von Ionenaustauscher
1955, 62 Seiten, 32 Abb., DM 12,30

HEFT 123
Dipl.-Ing. J. Emondts, Aachen
Über Bodenverformungen bei stark gestörtem und
mächtigem, wasserführendem Deckgebirge im Aache-
ner Steinkohlengebiet
1955, 196 Seiten, 37 Abb., 10 Tabellen, DM 28,80

HEFT 124
Prof. Dr. R. Seyffert, Köln
Wege und Kosten der Distribution der Hausrat-
waren im Lande Nordrhein-Westfalen
1955, 74 Seiten, 25 Tabellen, DM 9,—

WESTDEUTSCHER VERLAG · KÖLN UND OPLADEN

HEFT 125
Prof. Dr. E. Kappler, Münster
Eine neue Methode zur Bestimmung von Kondensations-Koeffizienten von Wasser
1955, 46 Seiten, 11 Abb., 1 Tabelle, DM 9,10

HEFT 126
Prof. Dr.-Ing. J. Mathieu, Aachen
Arbeitszeitvergleich
Grundlagen, Methodik u. praktische Durchführung
1955, 70 Seiten, DM 13,—

HEFT 127
*Güteschutz Betonstein e. V.,
Arbeitskreis Nordrhein-Westfalen, Dortmund*
Die Betonwaren-Gütesicherung im Lande Nordrhein-Westfalen
1955, 58 Seiten, 15 Abb., 3 Tabellen, DM 11,50

HEFT 128
Prof. Dr. O. Schmitz-DuMont, Bonn
Untersuchungen über Reaktionen in flüssigem Ammoniak
1955, 96 Seiten, 11 Abb., 6 Tabellen, DM 17,75

HEFT 129
Prof. Dr.-Ing. J. Mathieu und Dr. C. A. Roos, Aachen
Die Anlernung von Industriearbeitern
I. Ergebnisse einer grundsätzlichen Untersuchung der gegenwärtigen Industriearbeiter-Kurzanlernung
1955, 106 Seiten, DM 19,70

HEFT 130
Prof. Dr.-Ing. J. Mathieu und Dr. C. A. Roos, Aachen
Die Anlernung von Industriearbeitern
II. Beiträge zur Methodenfrage der Kurzanlernung
1955, 108 Seiten, DM 19,90

HEFT 131
Dr. W. Hoerburger, Köln
Versuche zur Biosynthese von Eiweiß aus Kohlenwasserstoff
1955, 34 Seiten, 2 Abb., DM 6,90

HEFT 132
Prof. Dr. W. Seith, Münster
Über Diffusionserscheinungen in festen Metallen
1955, 42 Seiten, 19 Abb., 4 Tabellen, DM 9,10

HEFT 133
Prof. Dr. E. Jenckel, Aachen
Über einen für Schwermetalle selektiven Ionenaustauscher
1955, 48 Seiten, 8 Abb., 13 Tabellen, DM 9,50

HEFT 134
Prof. Dr.-Ing. H. Winterhager, Aachen
Über die elektrochemischen Grundlagen der Schmelzfluß-Elektrolyse von Bleisulfid in geschmolzenen Mischungen mit Bleichlorid
1955, 54 Seiten, 20 Abb., 5 Tabellen, DM 11,80

HEFT 135
Prof. Dr.-Ing. K. Krekeler und Dr.-Ing. H. Peukert, Aachen
Die Änderung der mechanischen Eigenschaften thermoplastischer Kunststoffe durch Warmrecken
1955, 54 Seiten, 27 Abb., DM 11,10

HEFT 136
Dipl.-Phys. P. Pilz, Remscheid
Über spezielle Probleme der Zerkleinerungstechnik von Weichstoffen
1955, 58 Seiten, 19 Abb., 2 Tabellen, DM 11,50

HEFT 137
Prof. Dr. W. Baumeister, Münster
Beiträge zur Mineralstoffernährung der Pflanzen
1955, 64 Seiten, 6 Tabellen, DM 11,80

HEFT 138
Dr. P. Hölemann und Ing. R. Hasselmann, Dortmund
Untersuchungen über die Zersetzungswärme von gasförmigem und in Azeton gelöstem Azetylen
1955, 54 Seiten, 8 Abb., 7 Tabellen, DM 10,40

HEFT 139
Prof. Dr. W. Fuchs, Aachen
Studien über die thermische Zersetzung der Kohle und die Kohlendestillatprodukte
1955, 64 Seiten, 20 Abb., 22 Tabellen, DM 11,80

HEFT 140
Dr.-Ing. G. Hausberg, Essen
Modellversuche an Zyklonen
1955, 78 Seiten, 24 Abb., DM 15,70

HEFT 141
Dr. J. van Calker und Dr. R. Wienecke, Münster
Untersuchungen über den Einfluß dritter Analysenpartner auf die spektrochemische Analyse
1955, 42 Seiten, 15 Abb., DM 9,10

HEFT 142
Dipl.-Ing. G. M. F. Wiebel, Hannover, A. Konermann und A. Ottenheym, Sennelager
Entwicklung eines Kalksandleichtsteines
1955, 38 Seiten, 4 Abb., DM 8,—

HEFT 143
Prof. Dr. F. Wever, Dr. A. Rose und Dipl.-Ing. W. Straßburg, Düsseldorf
Härtbarkeit u. Umwandlungsverhalten der Stähle
1955, 50 Seiten, 12 Abb., 3 Tabellen, DM 10,70

HEFT 144
Prof. Dr. H. Wurmbach, Bonn
Steuerung von Wachstum und Formbildung
1955, 48 Seiten, 19 Abb., DM 10,30

HEFT 145
Dr. G. Hennemann, Werdohl (Westf.)
Beitrag zur Interpretation der modernen Atomphysik
1955, 34 Seiten, DM 10,—

HEFT 146
Dr.-Ing. F. Gruß, Düsseldorf
Sterilisation mit Heißluft
1955, 34 Seiten, 10 Abb., DM 7.70

HEFT 147
Dr.-Ing. W. Rudisch, Unna
Untersuchung einer drehelastischen Elektromagnet-Synchronkupplung
1955, 82 Seiten, 65 Abb., DM 17,70

HEFT 148
Prof. Dr. H. Bittel u. Dipl.-Phys. L. Storm, Münster
Untersuchungen über Widerstandsrauschen
1955, 40 Seiten, 5 Abb., DM 8,40

HEFT 149
Dipl.-Ing. K. Konopicky und Dipl.-Chem. P. Kampa, Bonn
I. Beitrag zur flammenphotometrischen Bestimmung des Calciums.
Dr.-Ing. K. Konopicky, Bonn
II. Die Wanderung von Schlackenbestandteilen in feuerfesten Baustoffen
1955, 54 Seiten, 10 Abb., 5 Tabellen, DM 11,—

HEFT 150
Prof. Dr.-Ing. O. Kienzle und Dipl.-Ing. W. Timmerbeul, Hannover
Das Durchziehen enger Kragen an ebenen Fein- und Mittelblechen
1955, 52 Seiten, 20 Abb., 8 Tabellen, DM 11,30

HEFT 151
Dipl.-Ing. P. Karabasch, Aachen
Feststellung des optimalen Gasgehaltes von Bronzen zur Erzielung druckdichter Gußstücke
in Vorbereitung

HEFT 152
Dipl.-Ing. G. Müller, Köln
Ermittlung der Laufeigenschaften (Vergießbarkeit) von Bronze und Rotguß mittels der Schneider-Gießspirale
1955, 60 Seiten, 33 Abb., DM 13,30

HEFT 153
Prof. Dr. F. Wever, Dr.-Ing. W. A. Fischer und Dipl.-Ing. J. Engelbrecht, Düsseldorf
I. Die Reduktion sauerstoffhaltiger Eisenschmelzen im Hochvakuum mit Wasserstoff und Kohlenstoff
II. Einfluß geringer Wasserstoffgehalte auf das Gefüge und Alterungsverhalten von Reineisen
1955, 54 Seiten, 15 Abb., 2 Tabellen, DM 12,40

HEFT 154
Prof. Dr.-Ing. P. Bardenheuer und Dr.-Ing. W. A. Fischer, Düsseldorf
Die Verschlackung von Titan aus Stahlschmelzen im sauren und basischen Hochfrequenzofen unter verschiedenen Schlacken
1955, 36 Seiten, 10 Abb., 1 Tabelle, DM 7,95

HEFT 155
Dipl.-Phys. K. H. Schirmer, München
Die auf Grau abgestimmte Farbwiedergabe im Dreifarbenbuchdruck
1955, 46 Seiten, 17 Abb., 2 Farbtafeln, DM. 10,—

HEFT 156
Prof. Dr.-Ing. B. von Borries und Mitarbeiter, Düsseldorf
Die Entwicklung regelbarer permanentmagnetischer Elektronenlinsen hoher Brechkraft und eines mit ihnen ausgerüsteten Elektronenmikroskopes neuer Bauart
in Vorbereitung

HEFT 157
Dr. W. Jawtusch, Dr. G. Schuster und Prof. Dr.-Ing. R. Jaeckel, Bonn
Untersuchungen über die Stoßvorgänge zwischen neutralen Atomen und Molekülen
1955, 48 Seiten, 15 Abb., 3 Tabellen, DM 10,50

HEFT 158
Dipl.-Ing. W. Rosenkranz, Meinerzhagen
Ein Beitrag zum Problem der Spannungskorrosion bei Preßprofilen und Preßteilen aus Aluminium-Legierungen
in Vorbereitung

HEFT 159
Dr.-Ing. O. Viertel und O. Oldenroth, Krefeld
Das Bleichen von Weißwäsche mit Wasserstoffsuperoxyd bzw. Natriumhypochlorit beim maschinellen Waschen
1955, 54 Seiten, 23 Abb., 2 Tabellen, DM 11,45

HEFT 160
Prof. Dr. W. Klemm, Münster
Über neue Sauerstoff- und Fluor-haltige Komplexe
1955, 50 Seiten, 13 Abb., 7 Tabellen, DM 10,80

HEFT 161
Prof. Dr. W. Weltzien und Dr. G. Hauschild, Krefeld
Über Silikone und ihre Anwendung in der Textilveredlung
1955, 162 Seiten, 22 Abb., 10 Tabellen, DM 27,—

HEFT 162
Prof. Dr. F. Wever, Prof. Dr. A. Kochendörfer und Dr.-Ing. Chr. Rohrbach, Düsseldorf
Kennzeichnung der Sprödbruchneigung von Stählen durch Messung der Fließspannung, Reißspannung und Brucheinschnürung an dreiachsig beanspruchten Proben
1955, 58 Seiten, 26 Abb., DM 13,—

HEFT 163
Dipl.-Ing. W. Rohs und Text.-Ing. H. Griese, Bielefeld
Untersuchungsarbeiten zur Verbesserung des Leinenwebstuhls III
1955, 80 Seiten, 15 Abb., 18 Tabellen, DM 15,80

HEFT 164
Dr.-Ing. H. Schmachtenberg, Köln
Neuartige Prüfeinrichtungen für Kraftfahrzeuge
1955, 44 Seiten, 23 Abb., DM 9,60

HEFT 165
Dr.-Ing. W. Wilhelm, Aachen
Instationäre Gasströmung im Auspuffsystem eines Zweitaktmotors
1955, 62 Seiten, 31 Abb., 8 Tabellen, DM 13,60

HEFT 166
Prof. Dr. M. v. Stackelberg, Dr. H. Heindze, Dr. H. Hübschke und Dr. K. H. Frangen, Bonn
Kolloidchemische Untersuchungen
1955, 106 Seiten, 8 Abb., 13 Tabellen, DM 21,25

HEFT 167
Prof. Dr.-Ing. F. Schuster, Essen
I. Über die Heißkarburierung von Brenngasen mit Ölen und Teeren
II. Die Strahlungsvorgänge in brennstoffbeheizten Öfen bei verschiedenen Verbrennungsatmosphären
1955, 38 Seiten, 8 Abb., DM 8,30

HEFT 168
Prof. Dr.-Ing. F. Schuster, Essen
I. Luftvorwärmung an Gasfeuerungen
II. Heizwerthöhe von Brenngasen und Wirkungsgrad sowie Gasverbrauch bei der Gasverwendung
III. Sauerstoffangereicherte Luft und feuerungstechnische Kenngrößen von Brenngasen
1955, 60 Seiten, 18 Abb., DM 12,50

HEFT 169
Forschungsinstitut für Pigmente und Lacke, Stuttgart
Arbeiten über die Bestimmung des Gebrauchswertes von Lackfilmen durch physikalische Prüfungen
1955, 70 Seiten, 23 Abb., 4 Tabellen, DM 15,—

HEFT 170
Prof. Dr. F. Wever, Dr. A. Rose und Dipl.-Ing. L. Rademacher, Düsseldorf
Anwendung der Umwandlungsschaubilder auf Fragen der Werkstoffauswahl beim Schweißen und Flammhärten
1955, 64 Seiten, 25 Abb., DM 13,70

HEFT 171
Wäschereiforschung Krefeld
Untersuchung der Wäscheentwässerung mit Hilfe von Zentrifugen und Pressen
1955, 42 Seiten, 16 Abb., 4 Tabellen, DM 9,70

HEFT 172
Dipl.-Ing. W. Rohs, Dr.-Ing. G. Satlow und Text.-Ing. G. Heller, Bielefeld
Trocknung von Hanfgarnen. Kreuzspultrocknung
1955, 60 Seiten, 7 Abb., 4 Tabellen, DM 10,30

HEFT 173
Prof. Dr. R. Hosemann und Dipl.-Phys. G. Schoknecht, Berlin, vorgelegt von Prof. Dr. W. Kast, Krefeld
Lichtoptische Herstellung und Diskussion der Faltungsquadrate parakristalliner Gitter
in Vorbereitung

HEFT 174
Prof. Dr. W. von Fragstein, Dr. J. Meingast und H. Hoch, Köln
Herstellung von Solen einheitlicher Teilchengröße und Ermittlung ihrer optischen Eigenschaften
1955, 78 Seiten, 80 Abb., 4 Tabellen, DM 18,25

HEFT 175
Dr.-Ing. H. Zeller, Aachen
Beitrag zur eindimensionalen stationären und nichtstationären Gasströmung mit Reibung und Wärmeleitung insbesondere in Rohren mit unstetigen Querschnittsänderungen
in Vorbereitung

HEFT 176
Dipl.-Ing. H. Schöberl, Duisburg
Über die Methoden zur Ermittlung der Verbrennungstemperatur von Brennstoffen und ein Vorschlag zu ihrer Verbesserung
1955, 30 Seiten, 3 Abb., DM 6,50

HEFT 177
Dipl.-Ing. H. Stüdemann, Solingen, und Dr.-Ing. W. Müchler, Essen
Entwicklung eines Verfahrens zur zahlenmäßigen Bestimmung der Schneideigenschaften von Messerklingen
in Vorbereitung

HEFT 178
Prof. Dr. M. von Stackelberg u. Dr. W. Hans, Bonn
Untersuchungen zur Ausarbeitung und Verbesserung von polarographischen Analysenmethoden
1955, 46 Seiten, 14 Abb., DM 10,50

HEFT 179
Dipl.-Ing. H. F. Reineke, Bochum
Entwicklungsarbeiten auf dem Gebiete der Meß- und Regeltechnik
1955, 46 Seiten, 10 Abb., DM 10,—

HEFT 180
Dr.-Ing. W. Piepenburg, Dipl.-Ing. B. Bühling und Bauing. J. Behnke, Köln
Putzarbeiten im Hochbau und Versuche mit aktiviertem Mörtel und mechanischem Mörtelauftrag
1955, 115 Seiten, 31 Abb., 68 Tabellen, DM 23,—

HEFT 181
Prof. Dr. W. Franz, Münster
Theorie der elektrischen Leitvorgänge in Halbleitern und isolierenden Festkörpern bei hohen elektrischen Feldern
1955, 28 Seiten, 2 Abb., 1 Tabelle, DM 6,20

HEFT 182
Dr.-Ing. P. Schenk u. Dr. K. Osterloh, Düsseldorf
Katalytisch-thermische Spaltung von gasförmigen und flüssigen Kohlenwasserstoffen zur Spitzengaserzeugung
1955, 50 Seiten, 11 Abb., 11 Tabellen, DM 10,90

HEFT 183
Dr. W. Bornheim, Köln
Entwicklungsarbeiten an Flaschen- und Ampullen-Behandlungsmaschinen für die pharmazeutische Industrie
in Vorbereitung

HEFT 184
Dr.-Ing. E. Printz, Kettwig
Vollhydraulische Parallel-Kupplung für Ackerschlepper
1955, 32 Seiten, 4 Abb., DM 7,80

HEFT 185
Dipl.-Ing. W. Rohs und Text.-Ing. G. Heller, Bielefeld
Studien an einem neuzeitlichen Kreuzspultrockner für Bastfasergarne mit Wiederbefeuchtungszone
1955, 52 Seiten, 9 Abb., 3 Tabellen, DM 10,70

HEFT 186
Dr. E. Wedekind, Krefeld
Untersuchungen zur Arbeitsbestgestaltung bei der Fertigstellung von Oberhemden in gewerblichen Wäschereien
1955, 124 Seiten, 28 Abb., 6 Tabellen, 2 Falttaf., DM 12,—

HEFT 187
Dipl.-Ing. F. Göttgens, Essen
Über die Eigenarten der Bimetall-, Thermo- und Flammenionisationssicherungsmethode in ihrer Anwendung auf Zündsicherungen
1955, 40 Seiten, 6 Abb., 4 Tabellen, DM 8,40

HEFT 188
W. Kinnebrock, Langenberg (Rhld.)
Der Einfluß des Austausches gleicher Gaskochbrenner bzw. Gaskochbrennerteile auf den Wirkungsgrad und insbesondere auf den CO-Gehalt der Verbrennungsgase
1955, 42 Seiten, 7 Tabellen, DM 8,70

HEFT 189
Fa. E. Leybold's Nachfolger, Köln
I. Ausgewählte Kapitel aus der Vakuumtechnik
II. Zum Verlust anorganisch-nichtflüchtiger Substanzen während der Gefriertrocknung
1955, 52 Seiten, 16 Abb, 3 Tabellen, DM 11,20

HEFT 190
Prof. Dr. A. Neuhaus, Prof. Dr O. Schmitz-DuMont und Dipl.-Chem. H. Reckhard, Bonn
Zur Kenntnis der Alkalititanate
1955, 60 Seiten, 13 Abb., 1 Tabelle, DM 12,20

HEFT 191
Dr. H. Söhngen, Darmstadt
Schwingungsverhalten eines Schaufelkranzes im Vakuum
1955, 36 Seiten, 7 Abb., DM 7,80

HEFT 192
Dipl.-Phys. E. M. Schneider, München
Kohlebogenlampen für Aufnahme und Kopie
1955, 48 Seiten, 21 Abb., 3 Tabellen, DM 10,60

HEFT 193
Proj. Dr. O. Schmitz-DuMont, Bonn
Untersuchungen über neue Pigmentfarbstoffe
in Vorbereitung

HEFT 194
Dr. K. Hecht, Köln
Entwicklung neuartiger physikalischer Unterrichtsgeräte
1955, 42 Seiten, 16 Abb., DM 9,90

HEFT 195
Dr.-Ing. E. Rößger, Köln
Gedanken über einen neuen deutschen Luftverkehr
1955, 342 Seiten, 29 Abb., 122 Tabellen, DM 50,—

HEFT 196
Dipl.-Ing. W. Rohs und Text.-Ing. H. Griese, Bielefeld
Auswirkungen von Garnfehlern bei der Verarbeitung von Leinengarnen
1955, 36 Seiten, 3 Abb., 6 Tabellen, DM 7,80

HEFT 197
Dr. E. Wedekind, Krefeld
Untersuchungen zur Bestimmung der optimalen Arbeitsplatzgröße bei Mehrstuhlarbeit in der Weberei
1955, 92 Seiten, 34 Abb., DM 18,50

HEFT 198
Prof. Dr. J. Weissinger, Karlsruhe
Zur Aerodynamik des Ringflügels. Die Druckverteilung dünner, fast drehsymmetrischer Flügel in Unterschallströmung
1955, 42 Seiten, 5 Abb., DM 9,—

HEFT 199
Textilforschungsanstalt Krefeld
Die Messung von Gewebetemperaturen mittels Temperaturstrahlung
1955, 50 Seiten, 12 Abb., DM 10,90

HEFT 200
R. Seipenbusch, Langenberg (Rhld.)
Spitzengas durch Zusatz von Flüssiggas-, Wassergas- und Flüssiggas-Generatorgas-Gemischen zu Stadtgas
1955, 48 Seiten, 21 Tabellen, DM 10,35

HEFT 201
Dr.-Ing. E. W. Pleines, Frankfurt/Main
Die Sicherheit im Luftverkehr
in Vorbereitung

HEFT 202
Dipl.-Ing. D. Fiecke, Stuttgart/Zuffenhausen
Die Bestimmung der Flugzeugpolaren für Entwurfszwecke. I. Teil: Unterlagen
in Vorbereitung

HEFT 203
Dr. G. Wandel, Bonn
Uferbewachsung und Lebendverbauung an den Nordwestdeutschen Kanälen und ihren Zuflüssen sowie an der Ruhr
in Vorbereitung

HEFT 204
Dipl.-Ing. B. Naendorf, Langenberg (Rhld.)
Bestimmung der Brenneigenschaften und des Brennverhaltens verschiedener Gasarten und Einfluß verschiedener Düsengestaltung
1955, 32 Seiten, DM 7,10

HEFT 205
Dr. C. Schaarwächter, Düsseldorf
Über plastische Kupfer-, Eisen-, Phosphor-Legierungen
in Vorbereitung

HEFT 206
Dr. P. Hölemann, Ing. R. Hasselmann und Ing. G. Dix, Dortmund
Untersuchungen über die Vorgänge bei der Zersetzung von in Azeton gelöstem Azetylen
in Vorbereitung

HEFT 207
Prof. Dr.-Ing. H. Opitz, Dipl.-Ing. K. H. Fröhlich und Dipl.-Ing. H. Siebel, Aachen
Richtwerte für das Fräsen von unlegierten und legierten Baustählen mit Hartmetall. I. Teil
in Vorbereitung

HEFT 208
Prof. Dr.-Ing. H. Müller, Essen
Untersuchung von Elektrowärmegeräten für Laienbedienung hinsichtlich Sicherheit und Gebrauchsfähigkeit. I. Untersuchungen an Kochplatten
in Vorbereitung

HEFT 209
Dr. K. Bunge, Leverkusen
Materialabbau in Funkentladungen. Untersuchungen an Zinkkathoden
in Vorbereitung

HEFT 210
Dr. W. Porschen und Prof. Dr. W. Riezler, Bonn
Langlebige Alphaaktivitäten bei natürlichen Elementen
1955, 40 Seiten, 5 Abb., 4 Tabellen, DM 8,80

HEFT 211
Prof. Dipl.-Ing. W. Sturtzel und Dr.-Ing. W. Graff, Duisburg
Die Versuchsanstalt für Binnenschiffbau, Duisburg
in Vorbereitung

HEFT 212
Dipl.-Ing. H. Spodig, Selm
Untersuchung zur Anwendung der Dauermagnete in der Technik
1955, 44 Seiten, 25 Abb., DM 9,80

HEFT 213
Dipl.-Ing. K. F. Rittinghaus, Aachen
Zusammenstellung eines Meßwagens für Bau- und Raumakustik
in Vorbereitung

HEFT 214
Dr.-Ing. J. Endres, München
Berechnung der optimalen Leistung, Kraftstoffverbräuche und Wirkungsgrade von Einkreis-Turbolader-Strahltriebwerken am Boden und in der Höhe bei Fluggeschwindigkeiten von 0—2 000 km/h
in Vorbereitung

HEFT 215
Prof. Dr.-Ing. H. Opitz und Dipl.-Ing. G. Weber, Aachen
Einfluß der Wärmebehandlung von Baustählen auf Spanentstehungen, Schnittkraft- und Standzeitverhalten
in Vorbereitung

HEFT 216
Dr. E. Kloth, Köln
Untersuchungen über die Ausbreitung kurzer Schallimpulse bei der Materialprüfung mit Ultraschall
in Vorbereitung

HEFT 217
Rationalisierungskuratorium der Deutschen Wirtschaft (RKW), Frankfurt/Main
Typenvielzahl bei Haushaltgeräten und Möglichkeiten einer Beschränkung
in Vorbereitung

HEFT 218
Dr. F. Keune, Aachen
Bericht über eine Theorie der Strömung um Rotationskörper ohne Anstellung bei Machzahl Eins
1955, 40 Seiten, 8 Abb., 5 Formelblätter, DM 8,80

HEFT 219
Prof. Dr. W. Fuchs, Aachen
Untersuchungen zur Holzabfallverwertung und zur Chemie des Lignins
1955, 54 Seiten, 11 Abb., 15 Tabellen, DM 11,40

WESTDEUTSCHER VERLAG · KÖLN UND OPLADEN

HEFT 220
Prof. Dr. W. Fuchs, Aachen
Die Entwicklung neuer Regel- und Kontroll-Apparate zur coulometrischen Analyse
in Vorbereitung

HEFT 221
Prof. Dr. W. Meyer-Eppler, Bonn
Experimentelle Untersuchungen zum Mechanismus von Stimme und Gehör in der lautsprachlichen Kommunikation
1955, 56 Seiten, 24 Abb., DM 13,45

HEFT 222
Dr. L. Köllner, Münster, und Dipl.-Volkswirt M. Kaiser, Bochum
Die internationale Wettbewerbsfähigkeit der westdeutschen Wollindustrie
in Vorbereitung

HEFT 223
Dr.-Ing. K. Alberti und Dr. F. Schwarz, Köln
Über das Problem Hartbrand-Weichbrand
in Vorbereitung

HEFT 224
Dipl.-Ing. H. Stüdeman und Ing. R. Beu, Solingen
Verfahren zur Prüfung der Korrosionsbeständigkeit von Messerklingen aus rostfreiem Stahl
in Vorbereitung

HEFT 225
Dr.-Ing. E. Barz, Remscheid
Der Spannungszustand von Gattersägeblättern
in Vorbereitung

HEFT 226
Technisch-wissenschaftliches Büro für die Bastfaserindustrie, Bielefeld
Untersuchungen zur Verbesserung des Leinenwebstuhles IV
Die Wirkung verschiedener Kettbaumbremsen auf die Verwebung von Leinengarnen
in Vorbereitung

HEFT 227
Prof. Dr. F. Wever, Düsseldorf und Dr. W. Wepner, Köln
Untersuchung der Alterungsneigung von weichen unlegierten Stählen durch Härteprüfung bei Temperaturen bis 300 Grad C
in Vorbereitung

HEFT 228
Prof. Dr. F. Wever, Dr. W. Koch, Düsseldorf und Dr. B. A. Steinkopf, Dortmund
Spektrochemische Grundlagen der Analyse von Gemischen aus Kohlenmonoxyd, Wasserstoff und Stickstoff
in Vorbereitung

HEFT 229
Prof. Dr. F. Wever, Dr. W. Koch und Dr.-Ing. H. Malissa, Düsseldorf
Über die Anwendung disubstituierter Dithiocarbamate der analytischen Chemie
in Vorbereitung

HEFT 230
Prof. Dr. F. Wever, Düsseldorf und Dr. W. Wepner, Köln
Bestimmung kleiner Kohlenstoffgehalte im Alpha-Eisen durch Dämpfungsmessung
in Vorbereitung

HEFT 231
Dr.-Ing. W. Küch, Dortmund
Über die Wechselwirkung zwischen Holzschutzbehandlung und Verleimung
in Vorbereitung

HEFT 232
Prof. Dr.-Ing. O. Kienzle, Hannover und Dr.-Ing. H. Münnich, Schweinfurt
Feststellung der Spannungen und Dehnungen und Bruchdrehzahlen der unter Fliehkraft und Bearbeitungskraft beanspruchten Schleifkörper
in Vorbereitung

HEFT 233
Dr. H. Haase, Hamburg
Infrarot-Bibliographie
in Vorbereitung

HEFT 234
Dr.-Ing. K. G. Speith und Dr.-Ing. A. Bungeroth, Duisburg
Versuche zur Steigerung des Kokillen-Schluckvermögens beim Stranggießen von Stahl
in Vorbereitung

HEFT 235
Prof. Dr.-Ing. K. Leist und Dipl.-Ing. W. Dettmering, Aachen
Turbinenschaufeln aus Kunststoff für Kaltluftversuchsanlagen
in Vorbereitung

HEFT 236
Dr.-Ing. O. Viertel und S. Lucas, Krefeld
Ergebnisse einer Hausfrauenbefragung über Wascheinrichtungen und Waschmethoden in städtischen Haushaltungen
in Vorbereitung

HEFT 237
Dr. P. Endler und Dr. H. Ludes, Köln
Bericht über eine Studienreise zur Orientierung der heutigen Behandlung der Lungentuberkulose in den Vereinigten Staaten von Nordamerika
in Vorbereitung

HEFT 238
Institut für textile Meßtechnik, M.-Gladbach, e. V.
Untersuchung der Verzugsvorgänge an den Streckwerken verschiedener Spinnereimaschinen. 3. Bericht: Theoretische Betrachtungen über den Einfluß schlagender Zylinder und Druckrollen
in Vorbereitung

HEFT 239
Prof. Dr.-Ing. K. Leist und Dipl.-Ing. H. Scheele, Aachen und Dipl.-Ing. F. H. Flottmann, Herne
Versuche an einem neuartigen luftgekühlten Hochleistungs-Kolbenkompressor
in Vorbereitung

HEFT 240
Prof. Dr.-Ing. K. Leist und Dipl.-Ing. H. Scheele, Aachen
Temperaturmessungen an einem einstufigen luftgekühlten 4-Zylinder-Kolbenkompressor mit Kühlgebläse
in Vorbereitung

HEFT 241
Prof. Dr.-Ing. K. Leist und Dipl.-Ing. M. Pötke, Aachen
Leistungsversuche an einem Kühlluftgebläse
in Vorbereitung

HEFT 242
Prof. Dr.-Ing. K. Leist und Dipl.-Ing. K. Graf, Aachen
Straßenfahrzeuge mit Gasturbinenantrieb
in Vorbereitung

HEFT 243
Prof. Dr.-Ing. K. Leist und Dipl.-Ing. S. Förster, Aachen
Die französische Kleingasturbine Artouste — 1. Teil
in Vorbereitung

HEFT 244
Prof. Dr. F. Wever, Dr. W. Koch und Dr. S. Eckhard, Düsseldorf
Erfahrungen mit der spektrochemischen Analyse von Gefügebestandteilen des Stahles
in Vorbereitung

HEFT 245
Prof. Dr.-Ing. K. Krekeler, Aachen
Das Verbinden von Metallen durch Kunstharzkleber. Teil I: Eigenschaften und Verwendung der Metallklebstoffe
in Vorbereitung

HEFT 246
Prof. Dr.-Ing. K. Krekeler, Aachen
Das Verbinden von Metallen durch Kunstharzkleber. Teil II: Untersuchungen an geklebten Leichtmetall-Verbindungen
in Vorbereitung

HEFT 247
Dr. H. Söhngen, Darmstadt
Strömung vor einem Überschall-Laufrad
in Vorbereitung

HEFT 248
Rheinische Aktiengesellschaft für Braunkohlenbergbau und Brikettfabrikation, Köln
Untersuchung der Bindemitteleigenschaften von Braunkohlenfilteraschen
in Vorbereitung

HEFT 249
Dr. M.-E. Meffert, Essen
Weitere Kulturversuche Scenedesmus obliquus
in Vorbereitung

HEFT 250
Dr. F. Schwarz und Dr.-Ing. K. Alberti, Köln
Entwicklung von Untersuchungsverfahren zur Gütebeurteilung von Industriekalken
in Vorbereitung

HEFT 251
Prof. Dr. H. Bittel, Münster
Zur Statistik der ferromagnetischen Elementarvorgänge und ihren Einfluß auf das Barkhausenrauschen
in Vorbereitung

HEFT 252
Dipl.-Ing. H. Frings, Geilenkirchen
Die Wirkung abfallender Wetterführung auf Wettertemperatur, Grubengasgehalt und Staubbildung
in Vorbereitung

HEFT 253
Dipl.-Ing. S. Schirmanski, Berghausen
Stand und Auswertung der Forschungsarbeiten über Temperatur- und Feuchtigkeitsgrenzen bei der bergmännischen Arbeit
in Vorbereitung

HEFT 254
Prof. Dr. R. Danneel, Bonn
Quantitative Untersuchungen über die Entwicklung des Ehrlich-Ascitestumors bei Inzuchtmäusen
in Vorbereitung

HEFT 255
Ing. W. v. Schlippe, Bad Nauheim
Strömung von Flüssigkeiten mit temperaturabhängiger Zähigkeit (Kühlung von Ölen)
in Vorbereitung

HEFT 256
Prof. Dr. C. Schmieden und Dipl.-Math. K. H. Müller, Darmstadt
Die Strömung einer Quellstrecke im Halbraum — eine strenge Lösung der Navier-Stokes-Gleichungen
in Vorbereitung

HEFT 257
Prof. Dr. G. Lehmann und Dr. J. Tamm, Dortmund
Die Beeinflussung vegetativer Funktionen des Menschen durch Geräusche
in Vorbereitung

HEFT 258
Dr. H. Paul, Linz/Rhein und Prof. Dr. O. Graf, Dortmund
Zur Frage der Unfälle im Bergbau
in Vorbereitung

HEFT 259
Prof. D. W. Linke, Aachen
Strömungsvorgänge in künstlich belüfteten Räumen
in Vorbereitung

HEFT 260
Prof. Dr. W. Kast, Freiburg/Br., Prof. Dr. H. A. Stuart und Dipl.-Phys. H. G. Fendler, Hannover
Lichtzerstreuungsmessungen an Lösungen hochpolymerer Stoffe
in Vorbereitung

HEFT 261
Prof. Dr. W. Kast, Freiburg/Br.
Feinstruktur-Untersuchungen an künstlichen Zellulosefasern verschiedener Herstellungsverfahren. Teil II: Der Kristallisationszustand
in Vorbereitung

HEFT 262
Dr.-Ing. W. Batel, Aachen
Untersuchungen zur Absiebung feuchter, feinkörniger Haufwerke und Schwingsieben
in Vorbereitung

HEFT 263
Prof. Dr. H. Lange und Dipl.-Phys. R. Kohlhaas, Köln
Über die Wärmefähigkeit von Stählen bei hohen Temperaturen. Teil I: Literaturbericht
in Vorbereitung

HEFT 264
Prof. Dr. W. Weizel, Bonn
Durch schnelle Funkenzusammenbrüche ausgelöste Signale auf einer Leitung
in Vorbereitung

HEFT 265
Prof. Dr. F. Micheel und Dr. R. Engel, Münster
Eine Apparatur zur elektrophoretischen Trennung von Stoffgemischen
in Vorbereitung

HEFT 266
Fliesen-Beratungsstelle Bad Godesberg-Mehlem
Güteeigenschaften keramischer Wand- und Bodenfliesen und deren Prüfmethoden
in Vorbereitung

HEFT 267
Prof. Dr. W. Weizel und B. Brandt, Bonn
Zur Stabilität stromstarker Glimmentladungen
in Vorbereitung

HEFT 268
Prof. Dr.-Ing. G. Vogelpohl, Göttingen
Über die Tragfähigkeit von Gleitlagern und ihre Berechnung
in Vorbereitung

WESTDEUTSCHER VERLAG · KÖLN UND OPLADEN

VERÖFFENTLICHUNGEN DER ARBEITSGEMEINSCHAFT FÜR FORSCHUNG DES LANDES NORDRHEIN-WESTFALEN

NATURWISSENSCHAFTEN

Im Auftrage des Ministerpräsidenten Karl Arnold
herausgegeben von Staatssekretär Prof. Leo Brandt

HEFT 1
Prof. Dr.-Ing. Friedrich Seewald, Aachen
Neue Entwicklungen auf dem Gebiet der Antriebsmaschinen
Prof. Dr.-Ing. Friedrich A. F. Schmidt, Aachen
Technischer Stand und Zukunftsaussichten der Verbrennungsmaschinen, insbesondere der Gasturbinen
Dr.-Ing. Rudolf Friedrich, Mülheim (Ruhr)
Möglichkeiten und Voraussetzungen der industriellen Verwertung der Gasturbine
1951, 52 Seiten, 15 Abb., kartoniert, DM 4,25

HEFT 2
Prof. Dr.-Ing. Wolfgang Riezler, Bonn
Probleme der Kernphysik
Prof. Dr. Fritz Micheel, Münster
Isotope als Forschungsmittel in der Chemie und Biochemie
1951, 40 Seiten, 10 Abb., kartoniert, DM 3,20

HEFT 3
Prof. Dr. Emil Lehnartz, Münster
Der Chemismus der Muskelmaschine
Prof. Dr. Gunther Lehmann, Dortmund
Physiologische Forschung als Voraussetzung der Bestgestaltung der menschlichen Arbeit
Prof. Dr. Heinrich Kraut, Dortmund
Ernährung und Leistungsfähigkeit
1951, 60 Seiten, 35 Abb., kartoniert, DM 5,—

HEFT 4
Prof. Dr. Franz Wever, Düsseldorf
Aufgaben der Eisenforschung
Prof. Dr.-Ing. Hermann Schenck, Aachen
Entwicklungslinien des deutschen Eisenhüttenwesens
Prof. Dr.-Ing. Max Haas, Aachen
Wirtschaftliche Bedeutung der Leichtmetalle und ihre Entwicklungsmöglichkeiten
1952, 60 Seiten, 20 Abb., kartoniert, DM 6,—

HEFT 5
Prof. Dr. Walter Kikuth, Düsseldorf
Virusforschung
Prof. Dr. Rolf Danneel, Bonn
Fortschritte der Krebsforschung
Prof. Dr. Dr. Werner Schulemann, Bonn
Wirtschaftliche und organisatorische Gesichtspunkte für die Verbesserung unserer Hochschulforschung
1952, 50 Seiten, 2 Abb., kartoniert, DM 4,—

HEFT 6
Prof. Dr. Walter Weizel, Bonn
Die gegenwärtige Situation der Grundlagenforschung in der Physik
Prof. Dr. Siegfried Strugger, Münster
Das Duplikantenproblem in der Biologie
Direktor Dr. Fritz Gummert, Essen
Überlegungen zu den Faktoren Raum und Zeit im biologischen Geschehen und Möglichkeiten einer Nutzanwendung
1952, 64 Seiten, 20 Abb., kartoniert, DM 4,—

HEFT 7
Prof. Dr.-Ing. August Götte, Aachen
Steinkohle als Rohstoff und Energiequelle
Prof. Dr. Dr. E. h. Karl Ziegler, Mülheim (Ruhr)
Über Arbeiten des Max-Planck-Institutes für Kohlenforschung
1953, 66 Seiten, 4 Abb., kartoniert, DM 4,75

HEFT 8
Prof. Dr.-Ing. Wilhelm Fucks, Aachen
Die Naturwissenschaft, die Technik und der Mensch
Prof. Dr. Walther Hoffmann, Münster
Wirtschaftliche und soziologische Probleme des technischen Fortschritts
1952, 84 Seiten, 12 Abb., kartoniert, DM 6,50

HEFT 9
Prof. Dr.-Ing. Franz Bollenrath, Aachen
Zur Entwicklung warmfester Werkstoffe
Prof. Dr. Heinrich Kaiser, Dortmund
Stand spektralanalytischer Prüfverfahren und Folgerung für deutsche Verhältnisse
1952, 100 Seiten, 62 Abb., kartoniert, DM 7,50

HEFT 10
Prof. Dr. Hans Braun, Bonn
Möglichkeiten und Grenzen der Resistenzzüchtung
Prof. Dr.-Ing. Carl Heinrich Dencker, Bonn
Der Weg der Landwirtschaft von der Energieautarkie zur Fremdenergie
1952, 74 Seiten, 23 Abb., kartoniert, DM 6,80

HEFT 11
Prof. Dr.-Ing. Herwart Opitz, Aachen
Entwicklungslinien der Fertigungstechnik in der Metallbearbeitung
Prof. Dr.-Ing. Karl Krekeler, Aachen
Stand und Aussichten der schweißtechnischen Fertigungsverfahren
1952, 72 Seiten, 49 Abb., kartoniert, DM 6,40

HEFT 12
Dr. Hermann Rathert, Wuppertal-Elberfeld
Entwicklung auf dem Gebiet der Chemiefaser-Herstellung
Prof. Dr. Wilhelm Weltzien, Krefeld
Rohstoff und Veredlung in der Textilwirtschaft
1952, 84 Seiten, 29 Abb., kartoniert, DM 7,—

HEFT 13
Dr.-Ing. E. h. Karl Herz, Frankfurt a. M.
Die technischen Entwicklungstendenzen im elektrischen Nachrichtenwesen
Staatssekretär Prof. Leo Brandt, Düsseldorf
Navigation und Luftsicherung
1952, 102 Seiten, 97 Abb., kartoniert, DM 9,75

HEFT 14
Prof. Dr. Burckhardt Helferich, Bonn
Stand der Enzymchemie und ihre Bedeutung
Prof. Dr. Hugo Wilhelm Knipping, Köln
Ausschnitt aus der klinischen Carcinomforschung am Beispiel des Lungenkrebses
1952, 72 Seiten, 12 Abb., kartoniert, DM 6,25

HEFT 15
Prof. Dr. Abraham Esau †, Aachen
Ortung mit elektrischen und Ultraschallwellen in Technik und Natur
Prof. Dr.-Ing. Eugen Flegler, Aachen
Die ferromagnetischen Werkstoffe der Elektrotechnik und ihre neueste Entwicklung
1953, 84 Seiten, 25 Abb., kartoniert, DM 6,25

HEFT 16
Prof. Dr. Rudolf Seyffert, Köln
Die Problematik der Distribution
Prof. Dr. Theodor Beste, Köln
Der Leistungslohn
1952, 70 Seiten, 1 Abb., kartoniert, DM 4,50

HEFT 17
Prof. Dr.-Ing. Friedrich Seewald, Aachen
Luftfahrtforschung in Deutschland und ihre Bedeutung für die allgemeine Technik
Prof. Dr.-Ing. Edouard Houdremont, Essen
Art und Organisation der Forschung in einem Industrieforschungsinstitut der Eisenindustrie
1953, 90 Seiten, 4 Abb., kartoniert, DM 5,50

HEFT 18
Prof. Dr. Dr. Werner Schulemann, Bonn
Theorie und Praxis pharmakologischer Forschung
Prof. Dr. Wilhelm Groth, Bonn
Technische Verfahren zur Isotopentrennung
1953, 72 Seiten, 17 Abb., kartoniert, DM 5,—

HEFT 19
Dipl.-Ing. Kurt Traenckner, Essen
Entwicklungstendenzen der Gaserzeugung
1953, 26 Seiten, 12 Abb., kartoniert, DM 2,50

HEFT 20
M. Zvegintzow, London
Wissenschaftliche Forschung und die Auswertung ihrer Ergebnisse
Ziel und Tätigkeit der National Research Development Corporation
Dr. Alexander King, London
Wissenschaft und internationale Beziehungen
1954, 88 Seiten, kartoniert, DM 4,60

HEFT 21
Prof. Dr. Robert Schwarz, Aachen
Wesen und Bedeutung der Silicium-Chemie
Prof. Dr. Dr. h. c. Kurt Alder, Köln
Fortschritte in der Synthese von Kohlenstoffverbindungen
1954, 76 Seiten, 49 Abb., kartoniert, DM 5,20

HEFT 21 a
Prof. Dr. Dr. h. c. Otto Hahn, Göttingen
Die Bedeutung der Grundlagenforschung für die Wirtschaft
Prof. Dr. Siegfried Strugger, Münster
Die Erforschung des Wasser- und Nährsalztransportes im Pflanzenkörper mit Hilfe der fluoreszenzmikroskopischen Kinematographie
1953, 74 Seiten, 26 Abb., kartoniert, DM 5,80

HEFT 22
Prof. Dr. Johannes von Allesch, Göttingen
Die Bedeutung der Psychologie im öffentlichen Leben
Prof. Dr. Otto Graf, Dortmund
Triebfedern menschlicher Leistung
1953, 80 Seiten, 19 Abb., kartoniert, DM 4,80

HEFT 23
Prof. Dr. Dr. h. c. Bruno Kuske, Köln
Zur Problematik der wirtschaftswissenschaftlichen Raumforschung
Prof. Dr.-Ing. E. h. Stephan Prager, Düsseldorf
Städtebau und Landesplanung
1954, 84 Seiten, kartoniert, DM 4,—

HEFT 24
Prof. Dr. Rolf Danneel, Bonn
Über die Wirkungsweise der Erbfaktoren
Prof. Dr. Kurt Herzog, Krefeld
Bewegungsbedarf der menschlichen Gliedmaßengelenke bei der Berufsarbeit
1953, 76 Seiten, 18 Abb., kartoniert, DM 4,80

WESTDEUTSCHER VERLAG · KÖLN UND OPLADEN

HEFT 25
Prof. Dr. Otto Haxel, Heidelberg
Energiegewinnung aus Kernprozessen
Dr.-Ing. Dr. Max Wolf, Düsseldorf
Gegenwartsprobleme der energiewirtschaftlichen Forschung
1953, 98 Seiten, 27 Abb., kartoniert, DM 6,25

HEFT 26
Prof. Dr. Friedrich Becker, Bonn
Ultrakurzwellenstrahlung aus dem Weltraum
Dr. Hans Straßl, Bonn
Bemerkenswerte Doppelsterne und das Problem der Sternentwicklung
1954, 70 Seiten, 8 Abb., kartoniert, DM 4,—

HEFT 27
Prof. Dr. Heinrich Behnke, Münster
Der Strukturwandel der Mathematik in der ersten Hälfte des 20. Jahrhunderts
Prof. Dr. Emanuel Sperner, Hamburg
Eine mathematische Analyse der Luftdruckverteilungen in großen Gebieten
in Vorbereitung

HEFT 28
Prof. Dr. Oskar Niemczyk, Aachen
Die Problematik gebirgsmechanischer Vorgänge im Steinkohlenbergbau
Prof. Dr. Wilhelm Ahrens, Krefeld
Die Bedeutung geologischer Forschung für die Wirtschaft, besonders in Nordrhein-Westfalen
1955, 96 Seiten, 12 Abb., kartoniert, DM 6.40

HEFT 29
Prof. Dr. Bernhard Rensch, Münster
Das Problem der Residuen bei Lernleistungen
Prof. Dr. Hermann Fink, Köln
Über Leberschäden bei der Bestimmung des biologischen Wertes verschiedener Eiweiße von Mikroorganismen
1954, 96 Seiten, 23 Abb., kartoniert, DM 6,—

HEFT 30
Prof. Dr.-Ing. Friedrich Seewald, Aachen
Forschungen auf dem Gebiete der Aerodynamik
Prof. Dr.-Ing. Karl Leist, Aachen
Einige Forschungsarbeiten aus der Gasturbinentechnik
1955, 98 Seiten, 45 Abb., kartoniert, DM 8,80

HEFT 31
Prof. Dr.-Ing. Dr. h. c. Fritz Mietzsch, Wuppertal
Chemie und wirtschaftliche Bedeutung der Sulfonamide
Prof. Dr. Dr. h. c. Gerhard Domagk, Wuppertal
Die experimentellen Grundlagen der bakteriellen Infektionen
1954, 82 Seiten, 2 Abb., kartoniert, DM 5,25

HEFT 32
Prof. Dr. Hans Braun, Bonn
Die Verschleppung von Pflanzenkrankheiten und -schädigungen über die Welt
Prof. Dr. Wilhelm Rudorf, Voldagsen
Der Beitrag von Genetik und Züchtung zur Bekämpfung der Viruskrankheiten der Nutzpflanzen
1953, 88 Seiten, 36 Abb., kartoniert, DM 6,75

HEFT 33
Prof. Dr.-Ing. Volker Aschoff, Aachen
Probleme der elektroakustischen Einkanalübertragung
Prof. Dr.-Ing. Herbert Döring, Aachen
Erzeugung und Verstärkung von Mikrowellen
1954, 74 Seiten, 23 Abb., kartoniert, DM 4,50

HEFT 34
Geheimrat Prof. Dr. Dr. Rudolf Schenck, Aachen
Bedingungen und Gang der Kohlenhydratsynthese im Licht
Prof. Dr. Emil Lehnartz, Münster
Die Endstufen des Stoffabbaues im Organismus
1954, 80 Seiten, 11 Abb., kartoniert, DM 5,50

HEFT 35
Prof. Dr.-Ing. Hermann Schenck, Aachen
Gegenwartsprobleme der Eisenindustrie in Deutschland
Prof. Dr.-Ing. Eugen Piwowarsky †, Aachen
Gelöste und ungelöste Probleme im Gießereiwesen
1954, 110 Seiten, 67 Abb., kartoniert, DM 9,-

HEFT 36
Prof. Dr. Wolfgang Riezler, Bonn
Teilchenbeschleuniger
Prof. Dr. Gerhard Schubert, Hamburg
Anwendung neuer Strahlenquellen in der Krebstherapie
1954, 104 Seiten, 43 Abb., kartoniert, DM 8,20

HEFT 37
Prof. Dr. Franz Lotze, Münster
Probleme der Gebirgsbildung
Bergwerksdirektor Bergassessor a.D. G. Rauschenbach, Essen
Die Erhaltung der Förderungskapazität des Ruhrbergbaues auf lange Sicht
in Vorbereitung

HEFT 38
Dr. E. Colin Cherry, London
Kybernetik
Prof. Dr. Erich Pietsch, Clausthal-Zellerfeld
Dokumentation und mechanisches Gedächtnis — zur Frage der Ökonomie der geistigen Arbeit
1954, 108 Seiten, 31 Abb., kartoniert, DM 7,20

HEFT 39
Dr. Heinz Haase, Hamburg
Infrarot und seine technischen Anwendungen
Prof. Dr. Abraham Esau †, Aachen
Ultraschall und seine technischen Anwendungen
1955, 80 Seiten, 25 Abb., kartoniert, DM 6,20

HEFT 40
Bergassessor Fritz Lange, Bochum-Hordel
Die wirtschaftliche und soziale Bedeutung der Silikose im Bergbau
Prof. Dr. Walter Kikuth, Düsseldorf
Die Entstehung der Silikose und ihre Verhütungsmaßnahmen
1954, 120 Seiten, 40 Abb., kartoniert, DM 9,50

HEFT 40a
Prof. Dr. Eberhard Gross, Bonn
Berufskrebs und Krebsforschung
Prof. Dr. Hugo Wilhelm Knipping, Köln
Die Situation der Krebsforschung vom Standpunkt der Klinik
1955, 88 Seiten, 31 Abb., kartoniert, DM 6,70

HEFT 41
Direktor Dr.-Ing. Gustav-Victor Lachmann, London
An einer neuen Entwicklungsschwelle im Flugzeugbau
Direktor Dr.-Ing. A. Gerber, Zürich-Oerlikon
Stand der Entwicklung der Raketen- und Lenktechnik
1955, 88 Seiten, 44 Abb., kartoniert, DM 8,40

HEFT 42
Prof. Dr. Theodor Kraus, Köln
Lokalisationsphänomene und Raumordnung vom Standpunkt der geographischen Wissenschaft
Direktor Dr. Fritz Gummert, Essen
Vom Ernährungsversuchsfeld der Kohlenstoffbiologischen Forschungsstation Essen
in Vorbereitung

HEFT 42a
Prof. Dr. Dr. h. c. Gerhard Domagk, Wuppertal
Fortschritte auf dem Gebiet der experimentellen Krebsforschung
1954, 46 Seiten, kartoniert, DM 2,60

HEFT 43
Prof. Giovanni Lampariello, Rom
Über Leben und Werk von Heinrich Hertz
Prof. Dr. Walter Weizel, Bonn
Über das Problem der Kausalität in der Physik
1955, 76 Seiten, kartoniert, DM 4,40

HEFT 43a
Prof. Dr. José Ma Albareda, Madrid
Die Entwicklung der Forschung in Spanien
in Vorbereitung

HEFT 44
Prof. Dr. Burckhardt Helferich, Bonn
Über Glykoside
Prof. Dr. Fritz Micheel, Münster
Kohlenhydrat-Eiweiß-Verbindungen und ihre biochemische Bedeutung
in Vorbereitung

HEFT 45
Prof. Dr. John von Neumann, Princeton, USA
Entwicklung und Ausnutzung neuerer mathematischer Maschinen
Prof. Dr. E. Stiefel, Zürich
Rechenautomaten im Dienste der Technik mit Beispielen aus dem Züricher Institut für angewandte Mathematik
1955, 74 Seiten, 6 Abb., kartoniert, DM 4,80

HEFT 46
Prof. Dr. Wilhelm Weltzien, Krefeld
Ausblick auf die Entwicklung synthetischer Fasern
Prof. Dr. Walther Hoffmann, Münster
Wachstumsformen der Industriewirtschaft
in Vorbereitung

HEFT 47
Staatssekretär Prof. Leo Brandt, Düsseldorf
Die praktische Förderung der Forschung in Nordrhein-Westfalen
Prof. Dr. Ludwig Raiser, Bad Godesberg
Die Förderung der angewandten Forschung durch die Deutsche Forschungsgemeinschaft
in Vorbereitung

HEFT 48
Dr. Hermann Tromp, Rom
Bestandsaufnahme der Wälder der Welt als internationale und wissenschaftliche Aufgabe
Prof. Dr. Franz Heske, Schloß Reinbek
Die Wohlfahrtswirkungen des Waldes als internationales Problem
in Vorbereitung

HEFT 49
Präsident Dr. G. Böhnecke, Hamburg
Zeitfragen der Ozeanographie
Reg.-Direktor Dr. H. Gabler, Hamburg
Nautische Technik und Schiffssicherheit
1955, 120 Seiten, 49 Abb., kartoniert, DM 10,20

HEFT 50
Prof. Dr.-Ing. Friedrich A. F. Schmidt, Aachen
Probleme der Selbstzündung und Verbrennung bei der Entwicklung der Hochleistungskraftmaschinen
Prof. Dr.-Ing. A. W. Quick, Aachen
Ein Verfahren zur Untersuchung des Austauschvorganges in verwirbelten Strömungen hinter Körpern mit abgelöster Strömung
in Vorbereitung

HEFT 51
Prof. Dr. Siegfried Strugger, Münster
Struktur, Entwicklungsgeschichte und Physiologie der Chloroplasten
Direktor Dr. J. Pätzold, Erlangen
Therapeutische Anwendung mechanischer und elektrischer Energie
in Vorbereitung

HEFT 52
Mr. Patmore, London
Lufttüchtigkeit und technische Prüfung der Flugzeuge in England
Pro. A. D. Young, Cranfield
Die Ausbildung des Ingenieurnachwuchses auf dem Luftfahrtgebiet in England
in Vorbereitung

JAHRESFEIER 1955
Prof. Dr. Josef Pieper, Münster
Über den Philosophie-Begriff Platons
Prof. Dr. Walter Weizel, Bonn
Die Mathematik und die physikalische Realität
1955, 62 Seiten, kartoniert, DM 4,40

HEFT 52a
Dr. D. C. Martin, London
Geschichte und Organisation der Royal Society
Dr. Roux, Südafrika
Probleme der wissenschaftlichen Forschung in der Südafrikanischen Union
in Vorbereitung

HEFT 53
Prof. Dr.-Ing. Georg Schnadel, Hamburg
Forschungsaufgaben zur Untersuchung der Festigkeitsprobleme im Schiffsbau
Prof. Dipl.-Ing. Wilhelm Sturtzel, Duisburg
Forschungsaufgaben zur Untersuchung der Widerstandsprobleme im Schiffsbau
in Vorbereitung

HEFT 53a
Prof. Giovanni Lampariello, Rom
Von Galilei zu Einstein
in Vorbereitung

HEFT 54
Prof. Dr. Julius Bartels, Göttingen
Sonne und Erde — das Thema des internationalen geophysikalischen Jahres
Direktor Dr. Walter Dieminger, Lindau/Harz
Ionosphäre und drahtloser Weitverkehr
in Vorbereitung

HEFT 54a
Sir John Cockcroft, London
Die friedliche Anwendung der Kernenergie
in Vorbereitung

HEFT 55
Prof. Dr.-Ing. Fritz Schultz-Grunow, Aachen
Das Kriechen und Fließen hochzäher und plastischer Stoffe
Prof. Dr.-Ing. Hans Ebner, Aachen
Wege und Ziele der Festigkeitsforschung besonders im Hinblick auf den Leichtbau
in Vorbereitung

WESTDEUTSCHER VERLAG · KÖLN UND OPLADEN

HEFT 56
Prof. Dr. Ernst Derra, Düsseldorf
Der Entwicklungsstand der Herzchirurgie
Prof. Dr. Gunther Lehmann, Dortmund
Muskelarbeit und Muskelermüdung in Theorie und Praxis
in Vorbereitung

HEFT 57
Prof. Dr. Theodor von Kármán, Pasadena
Freiheit und Organisation in der Luftfahrtforschung
in Vorbereitung

HEFT 58
Prof. Dr. Fritz Schröter, Ulm
Neue Forschungs- und Entwicklungsrichtungen im Fernsehen
Prof. Dr. Albert Narath, Berlin
Der gegenwärtige Stand der Filmtechnik
in Vorbereitung

VERÖFFENTLICHUNGEN DER ARBEITSGEMEINSCHAFT FÜR FORSCHUNG DES LANDES NORDRHEIN-WESTFALEN

GEISTESWISSENSCHAFTEN

Im Auftrage des Ministerpräsidenten Karl Arnold
herausgegeben von Staatssekretär Prof. Leo Brandt

HEFT 1
Prof. Dr. Werner Richter, Bonn
Die Bedeutung der Geisteswissenschaften für die Bildung unserer Zeit
Prof. Dr. Joachim Ritter, Münster
Die aristotelische Lehre vom Ursprung und Sinn der Theorie
1953, 64 Seiten, kartoniert, DM 3,50

HEFT 2
Prof. Dr. Josef Kroll, Köln
Elysium
Prof. Dr. Günther Jachmann, Köln
Die vierte Ekloge Vergils
1953, 72 Seiten, kartoniert, DM 3,75

HEFT 3
Prof. Dr. Hans Erich Stier, Münster
Die klassische Demokratie
1954, 100 Seiten, kartoniert, DM 6,—

HEFT 4
Prof. Dr. Werner Caskel, Köln
Lihyan und Lihyanisch. Sprache und Kultur eines frühharabischen Königreiches
1954, 168 Seiten, 6 Abb., kartoniert, DM 11,—

HEFT 5
Prof. Dr. Thomas Ohm, Münster
Stammesreligionen im südlichen Tanganyika-Territorium
1953, 80 Seiten, 25 Abb., kartoniert, DM 11,50

HEFT 6
Prälat Prof. Dr. Dr. h. c. Georg Schreiber, Münster
Deutsche Wissenschaftspolitik von Bismarck bis zum Atomwissenschaftler Otto Hahn
1954, 102 Seiten, 7 Bilder, kartoniert, DM 6,25

HEFT 7
Prof. Dr. Walter Holtzmann, Bonn
Das mittelalterliche Imperium und die werdenden Nationen
1953, 28 Seiten, kartoniert, DM 2,50

HEFT 8
Prof. Dr. Werner Caskel, Köln
Die Bedeutung der Beduinen in der Geschichte der Araber
1954, 44 Seiten, kartoniert, DM 2,75

HEFT 9
Prälat Prof. Dr. Dr. h. c. Georg Schreiber, Münster
Irland im deutschen und abendländischen Sakralraum
in Vorbereitung

HEFT 10
Prof. Dr. Peter Rassow, Köln
Forschungen zur Reichsidee im 16. und 17. Jahrhundert
1955, 32 Seiten, kartoniert, DM 1,90

HEFT 11
Prof. Dr. Hans Erich Stier, Münster
Roms Aufstieg zur Weltherrschaft
in Vorbereitung

HEFT 12
Prof. D. Karl Heinrich Rengstorf, Münster
Mann und Frau im Urchristentum
Prof. Dr. Hermann Conrad, Bonn
Grundprobleme einer Reform des Familienrechts
1954, 106 Seiten, kartoniert, DM 6,—

HEFT 13
Prof. Dr. Max Braubach, Bonn
Der Weg zum 20. Juli 1944
1953, 48 Seiten, kartoniert, DM 3,25

HEFT 14
Prof. Dr. Paul Hübinger, Münster
Das deutsch-französische Verhältnis und seine mittelalterlichen Grundlagen
in Vorbereitung

HEFT 15
Prof. Dr. Franz Steinbach, Bonn
Der geschichtliche Weg des wirtschaftenden Menschen in die soziale Freiheit und politische Verantwortung
1954, 76 Seiten, kartoniert, DM 3,80

HEFT 16
Prof. Dr. Josef Koch, Köln
Die Ars coniecturalis des Nikolaus von Cues
in Vorbereitung

HEFT 17
Prof. Dr. James Conant,
US-Hochkommissar für Deutschland
Staatsbürger und Wissenschaftler
Prof. D. Karl Heinrich Rengstorf, Münster
Antike und Christentum
1953, 48 Seiten, 2 Abb., kartoniert, DM 3,50

HEFT 18
Prof. Dr. Richard Alewyn, Köln
Klopstocks Publikum
in Vorbereitung

HEFT 19
Prof. Dr. Fritz Schalk, Köln
Das Lächerliche in der französischen Literatur des Ancien Régime
1954, 42 Seiten, kartoniert, DM 2,25

HEFT 20
Prof. Dr. Ludwig Raiser, Bad Godesberg
Rechtsfragen der Mitbestimmung
1954, 48 Seiten, kartoniert, DM 2,50

HEFT 21
Prof. D. Martin Noth, Bonn
Das Geschichtsverständnis der alttestamentlichen Apokalyptik
1953, 36 Seiten, kartoniert, DM 2,20

HEFT 22
Prof. Dr. Walter F. Schirmer, Bonn
Glück und Ende des Könige in Shakespeares Historien
1954, 32 Seiten, kartoniert, DM 1,60

HEFT 23
Prof. Dr. Günther Jachmann, Köln
Der homerische Schiffskatalog und die Ilias
in Vorbereitung

HEFT 24
Prof. Dr. Theodor Klauser, Bonn
Die römischen Petrustraditionen im Lichte der neuen Ausgrabungen unter der Peterskirche
in Vorbereitung

HEFT 25
Prof. Dr. Hans Peters, Köln
Die Gewaltentrennung in moderner Sicht
1955, 48 Seiten, kartoniert, DM 3,10

HEFT 26
Prof. Dr. Fritz Schalk, Köln
Calderon und die Mythologie
in Vorbereitung

HEFT 27
Prof. Dr. Josef Kroll, Köln
Vom Leben geflügelter Worte
in Vorbereitung

WESTDEUTSCHER VERLAG · KÖLN UND OPLADEN

HEFT 28
Prof. Dr. Thomas Ohm, Münster
Die Religionen in Asien
1954, 50 Seiten, 4 Abb., kartoniert, DM 7,—

HEFT 29
Prof. Dr. Johann Leo Weisgerber, Bonn
Die Ordnung der Sprache im persönlichen und öffentlichen Leben
1955, 64 Seiten, kartoniert, DM 3,50

HEFT 30
Prof. Dr. Werner Caskel, Köln
Entdeckungen in Arabien
1954, 44 Seiten, kartoniert, DM 3,20

HEFT 31
Prof. Dr. Max Braubach, Bonn
Entstehung und Entwicklung der landesgeschichtlichen Bestrebungen und historischen Vereine im Rheinland
1955, 32 Seiten, kartoniert, DM 2.20

HEFT 32
Prof. Dr. Fritz Schalk, Köln
Somnium und verwandte Wörter in den romanischen Sprachen
1955, 48 Seiten, 3 Abb., kartoniert, DM 3,60

HEFT 33
Prof. Dr. Friedrich Dessauer, Frankfurt a. M.
Erbe und Zukunft des Abendlandes
in Vorbereitung

HEFT 34
Prof. Dr. Thomas Ohm, Münster
Ruhe und Frömmigkeit
1955, 128 Seiten, 30 Abb., kartoniert, DM 10,70

HEFT 35
Prof. Dr. Hermann Conrad, Bonn
Die mittelalterliche Besiedlung des deutschen Ostens und das Deutsche Recht
1955, 40 Seiten, kartoniert, DM 2,80

HEFT 36
Prof. Dr. Hans Sckommodau, Köln
Die religiösen Dichtungen Margaretes von Navarra
1955, 172 Seiten, kartoniert, DM 9,60

HEFT 37
Prof. Dr. Herbert von Einem, Bonn
Der Mainzer Kopf mit der Binde
1955, 88 Seiten, 40 Abb., kartoniert, DM 9,20

HEFT 38
Prof. Dr. Joseph Höffner, Münster
Statik und Dynamik in der scholastischen Wirtschaftsethik
1955, 48 Seiten, kartoniert, DM 2,85

HEFT 39
Prof. Dr. Fritz Schalk, Köln
Diderots Essai über Claudius und Nero
in Vorbereitung

HEFT 40
Prof. Dr. Gerhard Kegel, Köln
Probleme des internationalen Enteignungs- und Währungsrechts
in Vorbereitung

HEFT 41
Prof. Dr. Johann Leo Weisgerber, Bonn
Die Grenzen der Schrift — Der Kern der Rechtschreibreform
1955, 72 Seiten, kartoniert, DM 4,80

HEFT 42
Prof. Dr. Richard Alewyn, Köln
Von der Empfindsamkeit zur Romantik
in Vorbereitung

HEFT 43
Prof. Dr. Theodor Schieder, Köln
Die Probleme des Rapallo-Vertrages 1922
in Vorbereitung

HEFT 44
Prof. Dr. Andreas Rumpf, Köln
Stilphasen der spätantiken Kunst
in Vorbereitung

HEFT 45
Dr. Ulrich Luck, Münster
Kerygma und Tradition in der Hermeneutik Adolf Schlatters
1955, 136 Seiten, kartoniert, DM 9,—

HEFT 46
Prof. Dr. Walther Holtzmann, Rom
Das Deutsche Historische Institut in Rom
Prof. Dr. Graf Wolff Metternich, Rom
Die Bibliotheca Hertziana und der Palazzo Zuccari
1955, 68 Seiten, 7 Abb., kartoniert, DM 5,—

JAHRESFEIER 1955
Prof. Dr. Josef Pieper, Münster
Über den Philosophie-Begriff Platons
Prof. Dr. Walter Weizel, Bonn
Die Mathematik und die physikalische Realität
1955, 62 Seiten, kartoniert, DM 4,40

HEFT 47
Prof. Dr. Harry Westermann, Münster
Person und Persönlichkeit im Zivilrecht
in Vorbereitung

HEFT 48
Prof. Dr. Johann Leo Weisgerber, Bonn
Die Namen der Ubier
in Vorbereitung

HEFT 49
Prof. Dr. Friedrich Karl Schumann, Münster
Mythos und Technik
in Vorbereitung

HEFT 51
Prälat Prof. Dr. Dr. h. c. Georg Schreiber, Münster
Der Bergbau in Geschichte, Ethos und Sakralkultur
in Vorbereitung

HEFT 52
Prof. Dr. Hans J. Wolff, Münster
Die Rechtsgestalt der Universität
in Vorbereitung

HEFT 53
Prof. Dr. Heinrich Vogt, Bonn
Schadenersatzprobleme im Verhältnis von Haftungsgrund und Schaden
in Vorbereitung

HEFT 54
Prof. Dr. Max Braubach, Bonn
Der Einmarsch der deutschen Truppen in die entmilitarisierte Zone am Rhein im März 1936. Ein Beitrag zur Vorgeschichte des zweiten Weltkrieges
in Vorbereitung

HEFT 55
Prof. Dr. Herbert von Einem, Bonn
Die Menschwerdung Christi des Isenheimer Altars
in Vorbereitung

HEFT 56
Prof. Dr. E. J. Cohn, London
Der englische Gerichtstag
in Vorbereitung

WESTDEUTSCHER VERLAG · KÖLN UND OPLADEN

MIX
Papier aus verantwortungsvollen Quellen
Paper from responsible sources
FSC® C105338

If you have any concerns about our products,
you can contact us on
ProductSafety@springernature.com

In case Publisher is established outside the EU,
the EU authorized representative is:
**Springer Nature Customer Service Center GmbH
Europaplatz 3, 69115 Heidelberg, Germany**

Printed by Libri Plureos GmbH
in Hamburg, Germany